复杂油气田文集

（2022年　第三辑）

李国永　主编

石油工业出版社

内 容 提 要

本文集收录了中国石油冀东油田公司等单位近期科研成果,包括地质勘探、油田开发、工程技术等方面内容,具有较高的理论水平和实践指导意义,对我国复杂油气田的勘探与开发具有一定的参考价值。

本书可供油田地质人员、开发人员、工程技术人员和石油院校相关专业师生参考使用。

图书在版编目(CIP)数据

复杂油气田文集. 2022 年. 第三辑 / 李国永主编.
– 北京 : 石油工业出版社,2022.9
ISBN 978-7-5183-5709-3

Ⅰ.①复… Ⅱ.①李… Ⅲ.①复杂地层–油气勘探–文集②复杂地层–油气田开发–文集 Ⅳ.
①P618.130.8-53②TE3-53

中国版本图书馆 CIP 数据核字(2022)第 195596 号

出版发行:石油工业出版社
　　　　(北京安定门外安华里 2 区 1 号　100011)
　　　网　址:www.petropub.com
　　　编辑部:(010)64523687　(0315)8766573
　　　图书营销中心:(010)64523633
经　销:全国新华书店
印　刷:北京晨旭印刷厂

2022 年 9 月第 1 版　2022 年 9 月第 1 次印刷
889 毫米×1194 毫米　开本:1/16　印张:5
字数:150 千字

定价:25.00 元
(如出现印装质量问题,我社图书营销中心负责调换)

复杂油气田文集

2022年 第三辑

主　　编　李国永
副主编　马光华
地　　址　河北省唐山市51#甲区
　　　　　冀东油田公司勘探开发
　　　　　研究院
邮　　编　063004
电　　话　(0315)8766573
E - mail　fzyqt@petrochina.com.cn

目　次

Complex Oil & Gas Reservoirs

SEP. 2022

CONTENTS

扫描电镜在矿物鉴定中的应用
——以南堡 2 号构造为例

冀海南

（中国石油冀东油田公司勘探开发研究院,河北　唐山　063004）

摘　要:随着油田地质勘探的不断深入,储层的储集空间性质、岩石的微细矿物等直接影响了地质研究的方向。岩石的组构与成因为岩石沉积环境、油气储集性能及岩性分类研究提供依据,对岩矿岩性鉴定具有重要意义。X 射线衍射、CT、扫描电镜分析等是目前地质研究的常用技术分析方式。其中扫描电镜运用高能电子束扫描岩心,通过光束与岩石间的相互作用,激发各种物理信号,再对这些信息收集、放大、成像以达到对岩石微观形貌表征的目的。同时扫描电镜和能谱仪析相结合,可以实现直观观察与测量微孔隙及黏土矿物的识别,观察微观形貌的同时进行岩石微区元素种类与含量分析。采用分辨率 3nm、400Pa 低真空、束流 5nA、放大倍数 10 万倍扫描电镜对 50 余块南堡 2 号构造岩石样本进行清晰观察和分析,得到矿物表面的伊/蒙混层结构形貌特征、伊利石、白云石及黄铁矿的微孔隙的形态与分布,同时精确分析出粒间伊/蒙混层及裂缝,以及孔隙发育与连通情况,为岩石的成因、储层评价提供理论依据。

关键词:黏土矿物;岩石矿物学;自生矿物;微孔隙

扫描电镜在油气储层研究与评价中得到了成熟广泛的应用,尤其是在储层的微观孔隙结构、孔隙成因类型、黏土矿物与其他自生矿物的研究方面发挥着重要作用[1-7]。扫描电镜不仅应用于碎屑岩储层研究[8-9],在火山岩储层、变质岩储层及冲积扇体储层等特种油气藏储层的研究中也得到成功应用[10-11]。冀东油田南堡 2 号构造主要发育辫状河三角洲前缘水下分流河道砂体、河口坝砂体和席状砂体,靠近湖盆中心,搬运距离远,砂体粒度明显偏细,以粉细砂岩为主,磨圆以次圆状为主;东二段油藏埋藏深,压实作用较强,碎屑颗粒以线接触为主,原生孔隙损失较大;胶结物和泥质含量较高,胶结物充填孔隙和喉道降低了储层物性。随着南堡 2 号构造地质工作不断深入,需要岩矿鉴定提供更加精细的矿物信息。该区块的岩性致密,传统光学显微镜作为简单高效的岩石矿物鉴定分析技术,放大倍数不足以观测到微观孔隙类型和填隙物相貌特征及类型。扫描电镜使用电子束作光源,通过电磁场使电子束偏转并聚焦,再轰击到被分析的岩心上,然后对电子信号进行成像分析。扫描电镜研究孔隙结构,避免了普通方法中砂岩颗粒之间的孔隙宽度确定的难题,可获得理想的孔隙空间立体图像,真实地反映原岩的孔隙结构。通过南堡 2 号构造岩石中矿物的关系、矿物的赋存状态、孔隙的形态及分布等特征,分析碎屑颗粒的结构、胶结类型、颗粒接触关系。

1　南堡 2 号构造地质特征

南堡 2 号构造中深层为辫状河三角洲前缘河道沉积储层,具有物性变化大、孔隙结构复杂、地层水矿化度低且变化大、束缚水饱和度高等特点。南堡 2 号构造中深层油藏较深,黏土矿物复杂,岩石类型以岩屑长石砂岩为主,孔隙度范围宽,渗透率低,属于中孔隙度中渗透率储层。与北京三家店特征细砂岩(细砂状结构,由长石、石英和泥质岩细砂组成,混有棱角状的石英、长石晶屑和火山灰)对比,具体情况见表 1、表 2、图 1 至图 3。

从表 1 可以看出,南堡 2 号构造储层主要由长石、石英组成,碳酸盐岩矿物、黏土矿物含量较少,黏土矿物复杂,需要进一步进行分析。

从表 2 可以看出,南堡 2 号构造储层黏土矿物以伊/蒙混层、高岭石为主,含有少量伊利石、绿泥石。

表1　全岩矿物含量统计表

井号	层位	石英+长石/%	碳酸盐岩矿物/%	黏土矿物/%	样品数/块
井1	Ed₂	70.04	12.06	17.90	23
南堡2号构造平均	Ed₂	64.36	18.69	16.95	73

表2　黏土矿物含量统计表

井号	层位	伊/蒙混层/%	伊利石/%	高岭石/%	绿泥石/%	样品数/块
井1	Ed₂	46.04	6.57	40.78	6.61	23
南堡2号构造平均	Ed₂	51.03	7.73	32.96	8.29	77

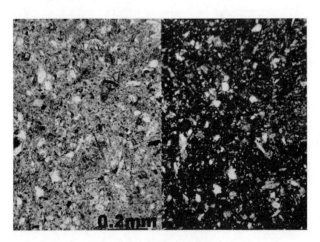

图1　凝灰质细砂岩图[12]

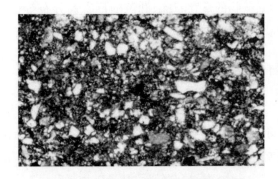

图2　南堡2号构造10×10正交偏光图

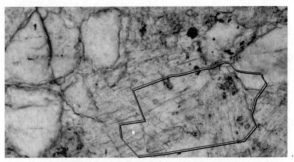

图3　南堡2号构造20×10单偏光图

　　从图2、图3可以看出,南堡2号构造储层岩性主要以细砂为主、分选中等、磨圆次棱,碎屑颗粒主要为石英、长石,含少量变质岩岩屑和岩浆岩岩屑,偶见云母、石榴子石等重矿物。

2　实验准备

2.1　岩心处理

2.1.1　岩心预处理

　　扫描电镜属于高精度的精密仪器,对所观测的样品要求较高,文中涉及的样品在进行扫描电镜分析前均需要经系列除尘、清洗处理,选取合适大小并具有新鲜断面的样品。由于样品不同层次地含油,上机前需对样品进行彻底洗油处理。

2.1.2　样品精处理

　　岩石样品具有高电阻,在电子束的轰击下产生电荷积累形成荷电现象,使图像出现不规则亮区、异常反差等,严重影响图像质量,甚至无法分析。因此,还需要对处理后的样品采用专用的镀膜机,用重金属在样品表面镀金属膜,以减少样品表面的荷电现象,提高图像质量。经过洗油及镀膜处理后的样品可以上机进行扫描电镜分析。

2.2　实验仪器

扫描电镜：分辨率 3nm、400Pa 低真空、束流 5nA、放大倍数 10 万倍。

能谱仪：新型硅漂移探测器探头、127eV 能谱分辨率、Be4～U92 元素探测范围。

3　孔隙微观特征分析

孔径分布是储层孔隙结构研究的核心内容，扫描电镜提取孔径分布时，将孔径作为单个孔隙。孔隙指岩石中未被固体物质所充填的空间，包括孔隙（指岩石中颗粒或晶粒间、颗粒或晶粒内和充填物内

的孔隙）、洞穴和裂缝[13]。油气储层孔隙性的好坏直接决定了岩层储存油气的数量。扫描电镜分辨率增加时，能够观测到更加详细的页岩微观孔隙分布，可更精确揭示页岩孔隙结构特征。随着扫描电镜分辨率增加，孔隙提取结果可更精细显示页岩孔隙形态，更精确揭示页岩孔隙半径，如图 4、图 5 所示。

从图 4 可以看出，岩石胶结较致密，孔隙不发育；从图 5 可以看出，南堡 2 号构造岩石孔隙填充物以伊/蒙混层为主，粒表伊/蒙混层特征明显，粒间、粒表伊/蒙混层及裂缝小于 2μm。碎屑颗粒接触主要为点—线接触和线接触，储集空间以原生孔隙为主，连通性差。

　　a.放大 200 倍　　　　　　　　　　　b.放大 320 倍

图 4　岩石孔隙连通性图

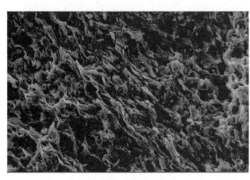 

　　a.放大 1000 倍　　　　　　　　　　b.放大 7150 倍

图 5　粒表伊/蒙混层及微孔隙、微裂缝图

4　孔隙填充矿物类型分析

孔隙内填充的主要矿物为黏土矿物及少量自生矿物。该储层黏土矿物含量较高，充填于储层颗粒孔隙间，对储层物性影响较大，经扫描电镜观察也以伊利石和伊/蒙混层为主，伊利石常呈丝片状或片状分布于粒间孔隙，呈孔隙衬垫式或孔隙充填式胶结。

自生矿物以石英、黄铁矿、白云石为主，含量较少。

从图 6、图 7 可以看出，南堡 2 号构造岩石经前期处理后，在扫描电镜 1000～10000 倍下，磷灰石、黄铁矿等特征矿物形态清晰可见，能谱图特征峰明显。南堡 2 号构造岩石骨架矿物为石英、长石，填隙物以黏土矿物及自生矿物为主，其中黏土矿物主要

为伊/蒙混层、伊利石,自生矿物有白云石、磷灰石及　　　　黄铁矿。

a.伊/蒙混层及黄铁矿(放大 12880 倍)

b.伊/蒙混层及白云石(放大 3720 倍)

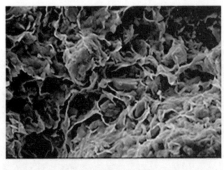

c.伊/蒙混层及石英(放大 1000 倍)

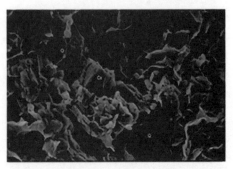

d.伊/蒙混层及长石(放大 1500 倍)

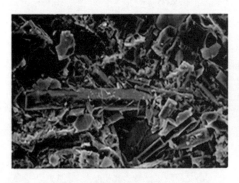

e.伊/蒙混层及磷灰石(放大 2000 倍)

f.伊/蒙混层及绿泥石(放大 2830 倍)

图 6　南堡 2 号构造 10×10 正交偏光图

a.白云石(放大 4000 倍)

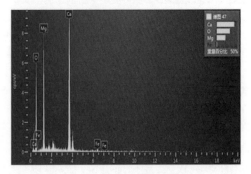

b.白云石能谱图

图 7　岩石自生矿物能谱特征图

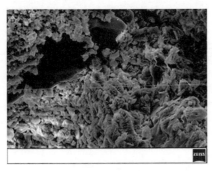

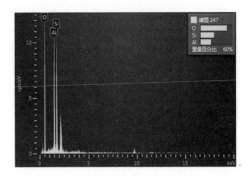

c.高岭石(放大 4000 倍)　　　　　　　d.高岭石能谱图

图 7　岩石自生矿物能谱特征图(续)

5　结论和认识

(1)扫描电镜可以直接观测到岩石矿物的结构和形态特征。在分析自生矿物时可直接观察到矿物具体的晶体形状,同时还可应用能谱仪测出矿物的元素构成。而 X 射线衍射在矿物分析时只能给出矿物成分及含量,不能给出矿物的具体形态。

(2)由南堡 2 号构造岩石孔隙微观特征和孔隙填充矿物类型分析得出,岩石类型以岩屑长石砂岩为主,黏土矿物以伊/蒙混层为主,胶结类型主要为孔隙胶结。岩石储集空间以粒间原生孔隙为主,平均溶孔及裂缝小于 2μm,孔隙不发育、连通性较差。胶结物和泥质含量较高,白云石胶结,胶结物充填孔隙和喉道降低储层物性,黏土矿物主要为伊/蒙混层黏土矿物。

(3)南堡 2 号构造黏土矿物主要为伊/蒙混层,高岭石次之,伊利石及绿泥石较少。自生矿物有白云石、黄铁矿、磷灰石,少量石英加大。自生矿物的晶型完整性较差,分析中借助能谱仪最终确定矿物成分。

(4)在研究分析岩石样品过程中,发现使用扫描电镜可快速、简便、准确、直观地分析岩石矿物,精确测量岩石孔隙结构,提高了岩矿分析效率,在油气领域中的应用前景广阔。

参　考　文　献

[1] 程涌,郑德顺,李明龙,等.东营凹陷盐家地区沙四上段砂砾岩储层的扫描电镜分析[J].电子显微学报,2013,32(3):250.

[2] 杜谷,王坤阳,冉敬,等.红外光谱/扫描电镜等现代大型仪器岩石矿物鉴定技术及其应用[J].矿物测试,2019,33(5):625-631.

[3] 白名岗,夏响华,张聪,等.场发射扫描电镜及 PerGeos 系统在安页 1 井龙马溪组页岩有机质孔隙研究中的联合应用[J].矿物测试,2018,37(3):226-231.

[4] 陈丽华,缪昕.扫描电镜在地质上的应用[M].北京:科学出版社,1986:13-135.

[5] 杨辉,任学礼.利用 SEM 对碎屑岩储集性能进行定量评价[J].电子显微学报,1994,13(6):493-493.

[6] 刘伟新,王延斌,郭莉,等.扫描电镜/环境扫描电镜在油气地质研究中的应用[J].电子显微学报,2006,25(S1):321-322.

[7] 曹寅,朱樱,黎琼.扫描电镜与图像分析在储层研究中的联合应用[J].石油实验地质,2001,23(2):221.

[8] 李时平,白光勇,王彪.临盘油田盘二断块沙三下段储层的扫描电镜分析[J].石油大学学报(自然科学版),1996,20(1):123-126.

[9] 胡书毅.措勤盆地北部坳陷下白垩统碎屑岩储层扫描电镜研究[J].电子显微学报,2003,22(6):610-611.

[10] 王含,周征宇,钟倩,等.电子微探针—X 射线衍射—扫描电镜研究老挝石岩石矿物学特征[J].矿物测试,2016,35(1):60.

[11] 马星竹,郝小雨,陈雪丽,等.扫描电镜—能谱仪在生物质炭特性分析上的应用[J].光谱学与光谱分析,2016,36(6):1670-1673.

[12] 常丽华.火成岩鉴定手册[M].北京:地质出版社,2009.

[13] 张鹏飞,卢双舫,李俊乾,等.基于扫描电镜的页岩微观孔隙结构定量表征[J].中国石油大学学报(自然科学版),2018,42(2):20-24.

作者简介　冀海南(1980—),男,工程师,2004 年 7 月毕业于西南石油学院(现西南石油大学)测控技术专业;主要从事扫描电镜地质分析工作。

(收稿日期:2022-8-18　　本文编辑:郝艳军)

鄂尔多斯盆地神木佳县石盒子组盒8段储层特征研究

陈云峰　　王群会　　王淑琴　　张　禄

(中国石油冀东油田公司勘探开发研究院,河北　唐山　063004)

摘　要:利用常规岩石薄片、铸体薄片、扫描电镜、孔渗分析、压汞实验分析结果,对鄂尔多斯盆地神木佳县石盒子组盒8段储层特征进行研究,分别从沉积学、岩石学、物性特征、孔喉特征、成岩作用机制、孔隙演化等方面对储层特征进行描述。结果表明,该套储层为以三角洲平原分流河道砂体为主的细—中粒岩屑砂岩和岩屑石英砂岩,为特低孔隙度、超低渗透率致密气储层,具有孔喉半径小、孔喉分选性差的特征。储集孔隙类型以粒内溶蚀孔、残余粒间孔为主。压实作用、自身黏土矿物胶结、碳酸盐矿物胶结,以及石英的次生加大是导致储层致密的主要因素,而长石、岩屑等的溶蚀作用使储层物性得到改善。

关键词:储层特征;盒8段;神木佳县

神木佳县区块为冀东油田2021年矿权优化配置区块,位于鄂尔多斯盆地伊陕斜坡构造带的东北部,区内主要的含气层系为下古生界奥陶系马家沟组,以及上古生界石炭系、二叠系本溪组、太原组、山西组、石盒子组、石千峰组。北部神木区块以石千峰组为主力含气层,南部佳县以石盒子组盒8段等为主力含气层段。前人对盒8段研究成果较多[1-7],主要集中在苏里格气田,对于神木佳县区块研究较少,盒8段平面非均质性强,处于伊陕斜坡边缘的神木佳县地区与处于中心的苏里格有着较大的差别。因此,本文以本区岩心分析资料为依据,深入研究盒8段岩矿、物性及孔隙演化特征,为神木佳县开发方案的编制提供了依据,为后期的勘探开发技术奠定了基础。

1　沉积相特征

鄂尔多斯盆地在早二叠世晚期发生海退,广泛发育沼泽煤系沉积;在山西组沉积中晚期,海水退出北方大陆,以内陆河流、三角洲和湖泊沉积环境为主;进入下石盒子组沉积时期,北方古陆进一步抬升,使得河流—冲积平原体系向南推进,河流相十分发育[1]。盒8段下部以辫状河沉积为主,上部以曲流河沉积为主[2],砂体呈近南北向展布,分布稳定,砂体间连通性较好[3],厚度15～35m,宽度5～15km,单层厚度0.9～9.4m,平均厚度2.9m。

2　岩石学特征

2.1　碎屑结构特征

通过对105口井1317块岩心薄片鉴定结果分析,盒8段碎屑主要有如下结构特征。

粒级范围:碎屑颗粒粒级从泥岩至砂砾岩均有,主要为细粒、中粒、粗粒和较少粉砂粒。纵向上,上部为泥岩夹砂岩,下部为块状砂岩、含砾砂岩与泥岩互层。

分选性:以好—中等为主,尤以细—中粒、中—粗粒结构的双重组合最常见。

磨圆度:以次圆—次棱、次棱为主。

胶结类型:以孔隙型、薄膜型、次生加大型为主,薄膜为水云母(图1a),部分石英加大严重,达到Ⅳ级,石英加大连晶(图1b)。

2.2　岩性特征

神木佳县石盒子组盒8段碎屑岩岩石类型主要有石英砂岩、岩屑石英砂岩、长石岩屑砂岩、岩屑砂岩四种。据1307块薄片统计,岩屑砂岩占48.6%,岩屑石英砂岩占42.7%,长石岩屑砂岩占8.0%,石英砂

岩占 0.7%。普遍来说,长石含量较低,全区平均仅含 3.3%,以正长石为主。岩屑平均含量约为 26.2%,

岩屑类型主要为石英岩、千枚岩、变质砂岩、喷发岩、钙化碎屑、云母。碳酸盐岩含量低,平均为 4.4%。

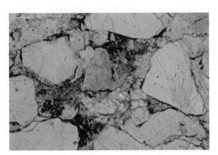
a.薄膜型,米 110 井,1975.0m,水云母膜

b.次生加大型,府 2 井,1857.0m,石英加大连晶

图 1　盒 8 段胶结类型

石英砂岩:在盒 8 段取心段少见,仅在少量井中发现,如神木东区府 2 井 1856.97~1865.70m,石英含量高达 92.1%,长石含量仅为 0.6%,岩屑含量为 7.3%。填隙物含量为 14.8%,胶结物含量远高于杂基,胶结物(主要为水云母,即伊利石)7.0%,绿泥石 3.5%、高岭石 1.9%、硅质 1.8%、铁方解石 1.8%,杂基主要为黏土质(图 2)。

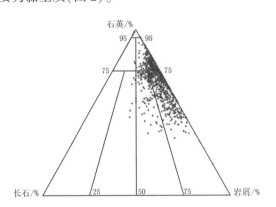

图 2　盒 8 段岩石类型图版

岩屑石英砂岩:在盒 8 段普遍发育,各区块盒 8 段均可见。其组分特征与石英砂岩基本相同,仅在

组分含量上有差别。石英含量平均为 79.5%,长石含量平均为 1.7%,岩屑含量平均为 18.8%。

长石岩屑砂岩:在盒 8 段取心段可见,石英含量平均为 62.6%,长石含量平均为 12.5%,岩屑含量平均为 24.9%。

岩屑砂岩:在盒 8 段取心段可见,石英含量平均为 64.3%,长石含量平均为 3.4%,岩屑含量平均为32.3%。

砂岩成分对天然气的充注有着重要的影响,研究表明[8],岩屑砂岩渗透率在覆压下损失大,油气充注前已经完成压实致密化,而石英砂岩石英加大致密化完成在油气充注后,所以石英砂岩较岩屑砂岩对油气富集更为有利。

碎屑岩填隙物含量平均值约 15%,少数样品含量可达 30%。填隙物种类主要为水云母、高岭石、绿泥石、铁方解石和硅质。

根据 X 射线衍射黏土矿物分析,黏土矿物类型以伊利石、高岭石为主,平均含量为伊利石 38%、高岭石 31%、绿泥石 5%、伊/蒙混层 8%、伊/蒙混层比小于 15%,表现出成岩阶段为中成岩 B 期或晚成岩期特征(图 3)。

a.神 98 井,2089.9m,绿泥石

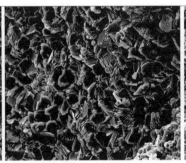
b.神 98 井,2001.4m,高岭石

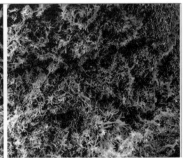
c.神 98 井,2089.9m,伊利石

图 3　盒 8 段黏土矿物

3 物性特征

3.1 孔隙度和渗透率

本次研究统计了佳县南、中、北区及神木南、西、东、北区 35 口井共 112 块孔渗分析化验资料,佳县、神木下石盒子组盒 8 段砂岩储层稳定,不同构造物性差别不大,盒 8 段储层岩性主要为浅灰色中—粗粒岩屑砂岩或岩屑石英砂岩,孔隙度主要范围分布在 3.3%~18.5%,平均为 8.86%,约 80% 的样品孔隙度小于 10%,大于 15% 孔隙度的样品较少。渗透率范围分布在 0.049~6.971mD,平均为 0.63mD,渗透率在 0.1~1mD 的样品占 73%,小于 0.1mD 的样品占 13%,而大于 1mD 的样品一般都有裂缝,占 13%。孔隙度与渗透率呈正相关性,渗透率随孔隙度的增大而增大。参照 SY/T 6285—2011《油气储层评价方法》中储层分类标准(表 1),确定佳县、神木盒 8 段砂岩储层为特低孔隙度、超低渗透率致密性砂岩气藏,个别样品渗透率高反映了裂缝的存在。

覆压孔隙度、渗透率曲线表明(图 4),随着上覆压力的增加,孔隙度变化不明显,但是渗透率变化很大,19MPa 下孔隙度最大伤害率为 5.71%,渗透率最大伤害率为 76.81%。19MPa 下覆压基质渗透率为 0.08mD,按照 GB/T 30501—2022《致密砂岩气地质评价方法》中砂岩储层气藏分类(表 2),神木佳县盒 8 气藏属于致密气藏。

表 1 碎屑岩储层物性分类标准

孔隙度分类	孔隙度 ϕ/%	渗透率分类	渗透率 K/mD
特高孔隙度	$\phi \geqslant 30$	特高渗透率	$K \geqslant 2000$
高孔隙度	$25 \leqslant \phi < 30$	高渗透率	$500 \leqslant K < 2000$
中孔隙度	$15 \leqslant \phi < 25$	中渗透率	$50 \leqslant K < 500$
低孔隙度	$10 \leqslant \phi < 15$	低渗透率	$10 \leqslant K < 50$
特低孔隙度	$5 \leqslant \phi < 10$	特低渗透率	$1 \leqslant K < 10$
超低孔隙度	$\phi < 5$	超低渗透率	$K < 1$

表 2 按覆压基质渗透率进行砂岩储层气藏分类

分类	高渗透率层	中渗透率层	低渗透率层	特低渗透率层	致密层
覆压基质渗透率/mD	$\geqslant 50$	10~50	1~10	0.1~1	$\leqslant 0.1$

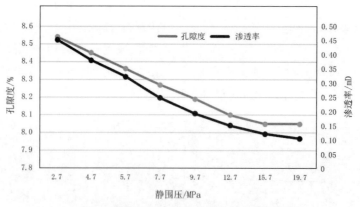

图 4 覆压孔隙度与渗透率变化示意图

3.2 饱和度

饱和度资料来自核磁共振法。利用可动水指数(可动水饱和度与可动流体饱和度之比)与孔隙度建立气层评价标准[4],在孔隙度大于 4% 的情况下,可动水指数小于 10% 为气层,10%~20% 为气水同层,大于 20% 为水层[5],孔隙度小于 4% 为干层。

据米 112 井盒 8 段 2087.10～2090.33m 18 块样品核磁共振法分析(图 5),本段孔隙度平均值为 8.2%,渗透率平均值为 0.0648mD,平均束缚水饱和度为 62.07%,平均可动水饱和度为 3.63%,平均含气饱和度为 34.3%。计算含气指数为 9.6%,核磁共振解释为气层。该井段压裂试气结果为产气 2.07× 10^4 m³/d,无阻流量 6.17× 10^4 m³/d,不产水,结论为气层,与核磁共振解释相符。

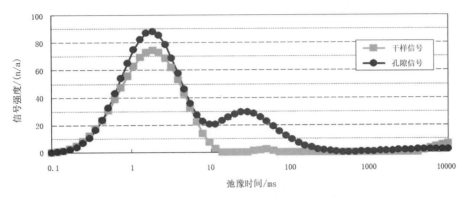

图 5　米 112 井 2089.00m 核磁共振 T2 谱图

4　孔隙结构特征

4.1　孔隙、喉道特征

本次研究通过神木、佳县盒 8 段 57 口井共 129 个铸体薄片资料分析,挑选具有代表特征的图像开展分析,得出孔隙和喉道数据,同时参照了孔隙和喉道分级标准。分析表明:神木佳县盒 8 段孔隙主要为小孔,微细喉,少量中孔与中喉,不同构造位置孔隙结构具有明显的差异。

该区盒 8 段储层的扫描电镜图像数据分析表明,该层位的孔隙不发育,连通性较差,主要孔隙类型为粒间残余孔、黏土矿物晶间孔及溶蚀孔隙。不同孔隙类型砂岩孔隙度具有"岩屑溶孔>晶间孔>杂基溶孔>粒间孔>长石溶孔>微裂缝"的规律[6]。胶结物主要有高岭石、伊利石及少量绿泥石。其典型结构如图 6 所示。

a.粒间孔隙内填充伊利石,伊利石晶间孔,孔隙在 10～15 μm,神 98 井,1986.3m　　b.粒间孔隙内填充书页状高岭石,高岭石晶间孔隙,神 98 井,1986.3m　　c.长石溶蚀孔

d.粒间孔、粒间孔内填充书页状高岭石,高岭石晶间孔隙,府 2 井,1857m　　e.粒间残余孔、伊利石晶间孔,府 2 井,1857m

图 6　盒 8 段孔隙结构类型

4.2 毛细管压力特征

孔隙结构最常用的研究方法是压汞曲线[9],岩石的毛细管压力主要受控于孔隙和喉道的大小,根据毛细管压力曲线可以求得排驱压力、孔隙喉道半径中值、毛细管压力中值,以及孔隙喉道半径频率分布等孔隙结构参数[10]。孔喉结构越好,其排驱压力越小、毛细管压力中值也越小;反之,孔喉结构越差,其排驱压力越大、毛细管压力中值也越大。

根据对神木佳县盒 8 段 10 口井的压汞资料统计分析,总体来说,神木佳县盒 8 段的孔喉结构相对较差,排驱压力相对较高(0.4~2MPa),中值压力较高(6~50MPa),孔喉半径相对较小(0.01~0.12μm),储层相对较差。但盒 8 段非均质性强,孔隙结构具有明显的差异,从图 7(标识括号内为产量)和表 3 可以看出,气井日产量与压汞曲线特征有着很好的对应关系:气井产量高的井对应压汞曲线粗—较粗歪度、低排驱压力、低中值压力、喉道半径较大的特点,随着气井产量降低,驱替中值压力升高,中值喉道半径变小,最大汞饱和度降低,储集能力变差。但相应的物性,尤其是渗透率,并无大的区别。结合神木佳县井位图可知:神木佳县南部(米 29 井区)压汞曲线特征好于北部(米 34 井区),表明在神木佳县南部具有比北部更好的储集物性。

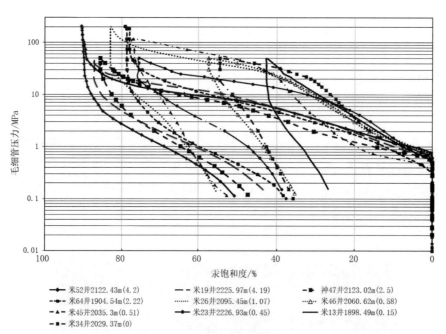

图 7 盒 8 段压汞曲线

表 3 产量与压汞曲线孔隙结构参数

井名	取样深度/m	日产量/$10^4 m^3$	孔隙度/%	渗透率/mD	中值压力/MPa	中值半径/μm	排驱压力/MPa	最大汞饱和度/%	退汞效率/%
米 52	2122.43	4.2	10.52	0.482	7.74	0.095	0.7799	90.6	43.8
米 19	2225.97	4.19	7.7	0.799	8.92	0.082	0.7843	87.2	51.5
神 47	2123.02	2.5	13.2	0.923	6.06	0.121	0.7139	85.5	44.6
米 64	1904.54	2.22	7.97	1.4186	7.35	0.100	0.3	78.1	48.1
米 26	2095.45	1.07	5.8	0.245	34.50	0.021	0.7145	82.9	33.2
米 46	2060.62	0.58	8.1	0.481	39.60	0.019	0.9805	57.3	38.1
米 45	2035.3	0.51	5.6	0.557	18.38	0.029	0.3	77.0	31.5
米 23	2226.93	0.45	7.4	0.361	17.58	0.042	0.9242	75.6	50.3
米 13	1898.49	0.15	4.8	0.242	49.75	0.015	0.8233	42.7	40.6
米 34	2029.37	0	6.5	0.767	29.37	0.025	0.5556	60.6	26.5

5 成岩作用与孔隙演化研究

神木佳县石盒子组盒 8 段碎屑岩岩石类型主要为岩屑砂岩、岩屑石英砂岩。储层的形成受沉积作用和成岩作用的共同制约,沉积是基础,成岩是关键。成岩演化过程中所发生的多种成岩作用或多或少地对砂岩的储集性能具有一定的影响,控制了原生孔隙的保存和次生孔隙的发育[7]。

通过初步研究,压实、胶结、交代、溶蚀、构造作用是成岩作用的主要改造作用,下面分别对各种改造因素及影响程度进行分析。

5.1 压实作用

压实作用主要在成岩早期发生,表现为使颗粒发生定向排列。颗粒接触关系从点接触变为线接触,甚至局部凹凸接触的变化。云母、泥岩屑等塑性组分发生弯曲变形,压实作用的结果最终会导致原生粒间孔大量丧失(图 8a)。

5.2 胶结作用

胶结作用主要由化学结晶作用形成的胶结物填充在颗粒孔隙中形成的作用,研究区胶结作用主要包括碳酸盐胶结、硅质胶结和黏土矿物胶结。这些胶结物填充于颗粒之间的孔隙空间,进一步降低原生粒间孔,但同时也增加了骨架颗粒的强度,有利于残余原生粒间孔的保存(图 8b)。

5.2.1 碳酸盐胶结

神木佳县盒 8 段储集砂岩中碳酸盐胶结作用主要表现为方解石、铁方解石的形成,胶结类型主要为基底式和孔隙式,胶结致密,常在河道砂体的底部形成钙质胶结致密层,从而导致储层物性变差。

5.2.2 硅质胶结

神木佳县盒 8 段储集砂岩中硅质胶结物主要为石英的自生加大边,加大边厚 20～100μm,以Ⅲ级、Ⅳ级自生加大常见(图 8c)。自生石英的发育导致储集砂岩的孔隙被堵塞,降低了孔渗性能。

5.2.3 自生黏土矿物胶结

神木佳县盒 8 段储集砂岩中主要自生黏土矿物,包括伊利石、高岭石和绿泥石。研究区伊利石在扫描电镜下多为片状集合体,在颗粒表面呈栉壳状附着,或者呈丝缕状或毛发状沿颗粒表面向孔隙与喉道处伸展,占据有效孔隙空间,降低储层的物性,对储层具有破坏作用。高岭石是在酸性孔隙水介质条件下,由长石、花岗岩屑等颗粒蚀变生成,主要以孔隙填充形式产出。虽然高岭石填充孔隙减小了原始粒间孔隙度,但在高岭石产生的同时长石等颗粒发生溶蚀作用又导致储集砂岩的孔隙增加,即意味着次生溶蚀孔的产生。形成于成岩早期的绿泥石黏土膜可以增大岩石的抗压强度,有利于孔隙的保存。如果绿泥石含量过多,也可阻塞孔隙,使储层物性变差(图 8b)。

a.压实作用(线接触—凹凸接触),米 161 井,1995m

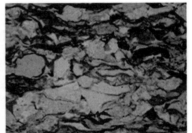
b.泥质胶结,米 158 井,1964m

c.硅质胶结,米 159 井,1807m

d.长石溶蚀孔,神 107 井,1919m

图 8　盒 8 段成岩作用类型

5.3 交代作用

交代作用在研究区盒 8 段储集砂岩中主要表现为高岭石交代长石,以及铁方解石交代石英碎屑。

5.4 溶蚀作用

溶蚀作用使砂岩中不稳定的碎屑颗粒及胶结物溶解,从而增加储层的孔隙空间,对储层起到建设性作用[4]。研究区盒 8 段常见不稳定碎屑颗粒(长石、岩屑)及填隙物(胶结物、杂基)发生溶蚀(图 8d),溶蚀作用主要表现为两种:一种是长石、岩屑等不稳定

颗粒溶解形成溶蚀粒内孔;另一种是长石、岩屑等颗粒先被碳酸盐矿物交代,然后碳酸盐矿物发生溶解而使颗粒间接被溶蚀,形成溶蚀粒内孔及溶蚀粒间孔。溶蚀作用对于改善砂岩储层的储集性能具有明显的作用。

5.5 构造作用

构造作用在研究区盒 8 段储集砂岩中表现为脆性石英、长石等颗粒发生脆性破裂(图 9),以及脆性矿物的破裂所形成的微裂缝。

a.长石溶蚀,形成溶蚀粒内孔   b.构造缝、石英破裂,神 121 井,2169m

图 9　盒 8 段构造作用

5.6 孔隙演化定量评价

综合各项成岩作用分析,认为压实作用、胶结交代作用、溶蚀作用是影响盒 8 段孔隙度的主要因素,压实作用、胶结交代作用使孔隙减小,溶蚀作用、构

造作用使孔隙增加。为合理解释研究区储层致密化原因,按照孔隙演化定量计算常规方法[7,11],以米 112 井为例(表 4),对不同成岩作用在储集砂岩的孔隙生成和损失方面进行定量评价。

表 4　盒 8 段成岩作用与孔隙演化关系

井号	原始孔隙度/%	压实损失孔隙度/%	胶结损失孔隙度/%	溶蚀增大孔隙度/%	现今孔隙度/%
米 112	33.50	14.19	18.41	7.30	8.20

5.6.1 原始孔隙度恢复

原始孔隙度 ϕ_1 的估算按照未固结砂在地表条件下的分选系数与孔隙度的关系来求取:$\phi_1 = 20.91 + 22.90/S_1$,$S_1$ 为特拉斯克分选系数,为筛析法粒度测得的实验数据,$S_1 = (Q_1/Q_3)^{1/2}$,其中 Q_1 为粒度概率累计曲线上 25% 处的粒径大小,Q_3 为粒度概率累计曲线上 75% 处的粒径大小。在本次研究中,利用米 112 井激光粒度数据,计算出该井盒 8 段的原始孔隙度为 33.50%。

5.6.2 溶蚀、构造作用的增加量

溶蚀孔隙度 $\phi_溶$ = 面孔率×溶孔百分含量。利用

米 112 井薄片分析资料获得,包括各种溶蚀孔和微裂隙,使孔隙度增大 4.8%~10.5%,平均增大7.3%。

5.6.3 胶结、交代作用的损失量

根据薄片实测的黏土矿物和碳酸盐等胶结物总含量计算:

胶结孔隙损失 = 黏土矿物总量+碳酸盐等胶结物总含量,研究区米 112 井胶结孔隙损失量平均为18.4%。

5.6.4 压实作用的损失量

压实作用使孔隙度减小的量可利用下列关系式计算:

$$\phi_{压} = \phi_1 - \phi_{粒} \qquad (1)$$

式中 $\phi_{压}$——压实作用使孔隙度减小的量,%;

       $\phi_{粒}$——压实后粒间剩余孔隙度,%。

压实后粒间剩余孔隙度 = 胶结物总量 + 胶结后的原生粒间孔隙度。

胶结后的原生粒间孔隙度 = 岩石现今孔隙度 - 溶蚀孔隙度 $\phi_{溶}$。

根据岩石薄片分析数据,研究区米 112 井压实作用使孔隙度平均降低 14.19%。

6 结论

综合以上分析,神木佳县盒 8 段储层有如下特征:

(1)岩石学上,主要为细—中粒岩屑砂岩和岩屑石英砂岩,分选好—中等,以次圆—次棱为主,孔隙式或薄膜式胶结,普遍有伊利石膜,石英加大严重。黏土矿物类型以绿泥石、高岭石为主。

(2)孔隙度平均为 8.86%,渗透率平均为 0.63mD,为特低孔隙度、超低渗透率致密性砂岩气藏。储层分布受砂体展布和物性控制,无明显边底水,内部压力值与海拔关系明显,属弹性驱动气藏。

(3)孔隙不发育,连通性较差,主要孔隙类型为粒间残余孔、黏土矿物晶间孔及少量溶蚀孔。孔喉结构相对较差,孔隙喉道半径中值较小,喉道主要为微细喉,极小量中喉。

(4)自身黏土矿物胶结、碳酸盐矿物胶结以及石英的次生加大是导致储层致密的主要因素,其次是压实作用,而长石、岩屑等的溶蚀作用使储层物性得到改善,微裂缝对储层的储集性影响不大。

参 考 文 献

[1] 范正平,侯云东,贾亚妮,等.鄂尔多斯盆地长庆气田上古生界碎屑岩成岩作用及其孔隙演化[C]//长庆油田公司勘探开发研究院.鄂尔多斯盆地油气勘探开发论文集(1990—2000).北京:石油工业出版社,2000.

[2] 文华国,郑荣才,高红灿,等.苏里格气田苏 6 井区下石盒子组盒 8 段沉积相特征[J].沉积学报,2007,25(1):54-59.

[3] 费世祥,冯强汉,安志伟,等.苏里格气田中区下石盒子组盒 8 段沉积相研究[J].天然气勘探与开发,2013,36(2):17-22.

[4] 邝学农,曹东祥,田方,等.A 地区石盒子组 8 段储层岩样核磁共振测试分析[J].长江大学学报(自然科学版),2016,13(2):27-34.

[5] 郑洋,杨清宇,王建,等.苏南地区天然气储集层含水性地层核磁共振录井解释评价方法[J].录井工程,2014,25(2):51-54.

[6] 石新,欧阳诚,冯明友.苏里格气田东部二叠系盒 8 段储层次生孔隙形成主控因素[J].沉积与特提斯地质沉,2013,33(4):54-59.

[7] 王秀平,牟传龙,贾云云,等.苏里格气田 Z30 区块下石盒子组 8 段储层成岩演化与成岩相[J].石油学报,2013,34(5):883-895.

[8] 刘曦祥,丁晓琪,王嘉,等.砂岩成分对储层孔隙结构及天然气富集程度的影响——以苏里格气田西区二叠系石盒子组 8 段为例[J].地质勘探,2016,36(7):27-31.

[9] 王瑞飞,沈平平,宋子齐,等.特低渗透砂岩油藏储层微观孔喉特征[J].石油学报,2009,30(4):560-563,569.

[10] 陈大友,朱玉双,夏勇,等.恒速压汞技术在致密砂岩储层微观孔隙空间刻画中的应用——以鄂尔多斯盆地中部中二叠统石盒子组盒 8 段为例[J].西北大学学报(自然科学版),2016,46(3):423-428.

[11] 张兴良,田景春,王峰,等.致密砂岩储层成岩作用特征与孔隙演化定量评价——以鄂尔多斯盆地高桥地区二叠系下石盒子组盒 8 段为例[J].石油与天然气地质,2014,33(2):212-217.

第一作者简介   陈云峰(1972—),男,高级工程师,2001 年毕业于石油大学(华东)油气田开发工程专业,获硕士学位;现从事实验研究工作。

(收稿日期:2022-8-8   本文编辑:谢红)

窄薄河道砂体精细刻画与应用
——以唐 71X2 断块馆二段为例

高东华　曹同锋　郝　杰　吴博然

(中国石油冀东油田公司勘探开发研究院,河北　唐山　063004)

摘　要:以马头营凸起唐71X2断块馆二段4—6砂组河道砂体为研究对象,针对窄河道控制下单砂体厚度薄(单砂体厚度小于4m),横向变化快(单河道宽度小于100m),传统地震相分析法难以对窄薄砂体进行预测的问题,在利用钻井资料和测井资料综合分析沉积相的基础上,总结河道砂体在地震上的响应特征,运用地震地层切片属性技术,优选与钻井资料吻合度较高的切片属性结合沉积相研究精细刻画了单河道砂体的平面展布。经实践证实,预测结果与钻井实测结果吻合度较高,表明该方法预测窄薄河道砂体可信度高,亦可为相邻区块类似地质条件下储层预测提供借鉴。

关键词:马头营凸起;窄河道砂体;反射特征;地层切片

河道砂体是渤海湾盆地浅层重要的油气储层之一,但受古地形、气候、物源供给差异等因素的影响,河道频繁改道、迁移,导致该类储层砂体多为复杂的非均质体,具有单砂体厚度薄、岩性横向变化快、砂泥岩叠置频率高等特点[1-5]。对于薄储层的预测,一直以来都是个难题。当地震勘探小于1/4波长的薄层时,地震剖面上难于直接预测这些薄砂体。近年来,国内许多学者运用提高地震分辨率、地震属性、波阻抗反演、频率信息,以及地震沉积学等方法和手段来预测薄储层分布[6-8],但受限于不同地区薄储层相对层厚、泥质含量高低、上下地层组合等因素,预测符合率差异很大。本文在前人研究成果[9-11]的基础上,基于测井、地质资料分析了马头营凸起唐71X2断块馆二段河道砂体的地震反射特征,运用地震地层切片属性精细刻画河道砂体的平面展布,这项技术为滚动开发提供了支持,促进了唐71X2断块高效开发。

1　油藏概况

马头营凸起是发育在太古宇花岗岩基底之上的新近系披覆低幅度背斜构造[12],西南部、东南部与南堡、石臼坨两个凹陷以断层相接触。凸起南部的柏各庄断裂是控制本区构造形态的大断裂,它的长期活动为油气的运移提供了通道,使南堡凹陷下第三系生成的油气沿断层及不整合面运移至凸起的高部位,聚集成藏。唐71X2断块位于马头营凸起南部(图1),含油层位为馆二段(NgⅡ)、馆三段(NgⅢ)。馆二段含油储层为受曲流河窄河道控制的砂体,纵向上单井仅有1～4个油砂体(图2),其中NgⅡ3油砂体厚度4～8m,NgⅡ4—6油砂体厚度小于4m,根据经验公式计算NgⅡ4—6河道宽度小于100m。该油藏具有纵向油层少、单砂层厚度薄、储层横向相变快、投产产量高、稳产期长等特点,是典型的"小而肥"油藏。尤其是NgⅡ4—6砂组含油砂体,平均单井单层累产原油近万吨,是滚动开发的重点区域。

2　窄薄河道砂体精细刻画

2.1　河道砂体特征

2.1.1　沉积与岩石特征

根据古构造特征及馆陶组岩心、粒度成分、测井、地震等资料分析,马头营凸起馆陶组接受来自燕山褶皱带物源沉积,从下至上岩性组合具有由"砂(砾)包泥"到"砂泥互层"再到"泥包砂"的变化特点,河流相二元结构逐渐凸显;显示了从早期"强下切、填沟谷"的冲积扇沉积到"夷平面、小河道"的辫状河流相沉积,再到中期—晚期曲流河相沉积的演变过程[13]。

根据钻井揭示,唐71X2断块馆二段发育窄河道河床滞留沉积和边滩砂体,天然堤和决口扇砂体较少。岩性为浅灰色含砾粗砂岩,褐灰色粗砂岩,浅灰色中砂岩、细砂岩、粉砂岩和绿色、棕红色泥岩等,砾岩较少,反映了干旱氧化—半氧化的沉积环境。其中含油层系 NgⅡ3 河道砂体岩性主要为中粗砂岩,反映了沉积过程中物源丰富、水动力条件稳定,具有下部粒粗、上部分选好的正粒序沉积结构,砂体上、下的沉积物性单一,平面上对应宽阔河流的中心部分;NgⅡ4—6 河道砂体岩性主要为细砂岩,反映了水流能量逐渐减弱、物源供应不断减少的沉积环境,垂向上河道为底部冲刷面,其上为河道砂,顶部是侧向迁移后形成的堤岸砂、漫滩泥,砂体较薄,平面位置对应较小河流沉积;决口扇砂体岩性主要为粉砂岩,高水位时,过量的洪水冲破天然堤而形成,平面上呈舌状;泛滥平原沉积,岩性以泥岩、粉砂质泥岩为主,洪泛期,河水溢出至低洼地而形成,平面上连片分布。

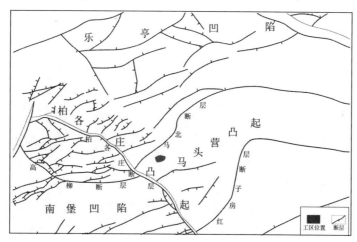

图 1　唐 71X2 断块构造位置图

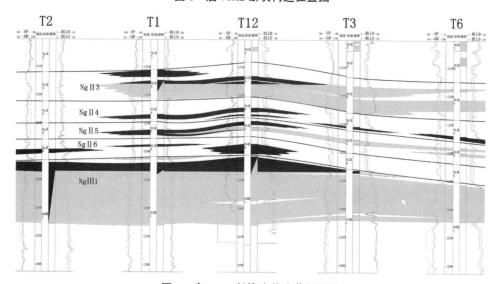

图 2　唐 71X2 断块连井油藏剖面图

2.1.2　测井响应特征

在测井响应上,唐 71X2 断块馆二段河道沉积主要有以下特征:NgⅡ3 河道砂体自然伽马和电阻率测井曲线形态以箱形为主(图 3a);NgⅡ4—6 河道砂体自然伽马和电阻率测井曲线形态以钟形为主(图 3b);决口扇砂体自然伽马和电阻率测井曲线形态为漏斗形(图 3c);泛滥平原沉积自然伽马和电阻率测井曲线近基线,基本无幅度差或者为低幅度,形态呈锯齿状线形(图 3c 泥岩段)。

2.1.3　地震反射特征

在过已钻井的地震解释剖面上(图 4),唐 71X2 断块 NgⅢ1 河道砂体为全区分布,地震反射特征表现为以连续的强反射为主,夹零星弱反射,反映出辫状河砂体相互叠置,"砂包泥"的沉积特征;NgⅡ 沉积体系从辫状河向低弯度曲流河过渡,河道规模渐小,砂体厚度变薄,泥岩含量增加,地震反射特征表现为波组横向不连续,纵向强弱间互。

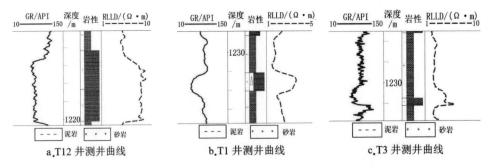

a.T12井测井曲线　　　　b.T1井测井曲线　　　　c.T3井测井曲线

图3　唐71X2断块 NgⅡ3～6 河道沉积测井曲线特征

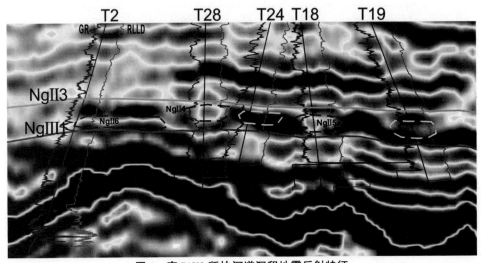

图4　唐71X2断块河道沉积地震反射特征

2.1.4　河道砂体特征分析

如图4所示，通过井震联合标定，馆二段河道沉积主要有以下地震反射特征：NgⅡ3河道砂体为局部集中分布，地震反射特征也是连续的强反射，NgⅡ3泥岩段地震反射特征为弱反射。NgⅡ3和NgⅢ1二者夹持的区域为NgⅡ4—6河道砂体沉积的地震反射形态（图4实线之间区域），其中NgⅡ4、5河道砂体主要表现为零星的强反射特征，呈"单透镜体"分布，局部砂体为零星的空白反射特征；NgⅡ6砂组紧邻NgⅢ1厚层砂岩顶部，中间泥岩沉积厚度薄，地震反射特征不明显，NgⅡ6河道砂体强反射特征叠加在NgⅢ1之上，呈"丘状"分布，中间厚，向两边逐渐减薄；NgⅡ4—6泥岩反射特征为暗色区域。

2.2　河道砂体刻画

2.2.1　砂体刻画方法

唐71X2断块地震资料的分辨率约为17m，NgⅡ4—6河道砂体厚度远低于地震分辨率厚度，后期地震资料虽然经过面元小网格化叠前偏移处理，分辨率有所提高，但是依然难以用传统地震相分析方法对馆二段窄薄河道砂体进行预测。地震地层切片优

势在于对目的层段进行精细的沉积研究，分辨率可以达到1/8地震波长[14]。地震属性是地震资料中可描述的、可定量化的特征，是刻画和描述地层结构、岩性，以及物性等信息的地震特征量，横向分辨率较高，主要包括振幅（能量）类属性、频率类属性、波形聚类属性等[15-18]。通过提取和分析地震属性，结合已钻井获取的地质资料，寻找和筛选出对薄互层砂体比较敏感的属性参数，进而描绘出目的层河道砂体的平面展布形态，以及河道空间叠置关系[19-20]。

NgⅡ4—6河道砂体刻画的主要做法就是井震联合标定全区发育的NgⅢ和局部集中发育的NgⅡ3，这两个层位纵向上厚度大，地震反射横向连续性好，层位易追踪，以这两个等时沉积界面为顶底，在地层的顶底界面间按照厚度等比例内插出一系列的层面，以生成的地层切片建立层位，以该层位为中心开一小时窗，进而在小时窗内进行各种地震属性的提取。唐71X2断块馆二段河道砂体展布规律与振幅、能量属性相关性较好，如图5a所示，河道砂体沉积表现出明显红—黄振幅异常，所以本次地层切片属性提取的为振幅属性。

2.2.2 砂体刻画与滚动开发潜力分析

在 NgII4—6 砂组等比例内插 30 个层位，分别提取切片振幅属性，优选红—黄振幅异常与已钻井吻合度较高的切片属性图，刻画河道砂体。在 NgII4—6 砂组振幅切片属性与井位构造叠合图上(图 5b 至 d)，综合已钻井测录井资料识别出来的沉积微相，预测各个

砂组的河道走向及砂体边界。在原有地质认识的基础上，本次在未开发区新刻画出 5 条分支河道，其中 NgII5 砂组已开发区西部新增 3 条分支河道，NgII4 砂组已开发区东部新增 1 条分支河道，NgII6 砂组已开发区西部新增 1 条分支河道，NgII4—6 砂组累计新增有利河道砂体面积 1.1km²。

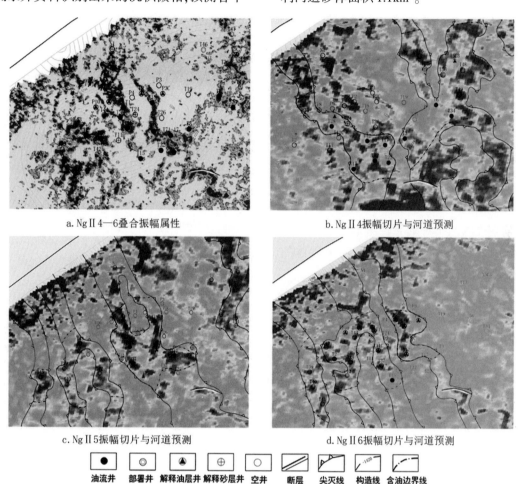

a. NgII4—6叠合振幅属性   b. NgII4振幅切片与河道预测

c. NgII5振幅切片与河道预测   d. NgII6振幅切片与河道预测

油流井   部署井   解释油层井   解释砂层井   空井   断层   尖灭线   构造线   含油边界线

图 5   唐 71X2 断块 NgII4—6 单砂组振幅属性切片与叠合振幅属性图

3 应用效果

2020 年 9 月—2021 年 3 月，唐 71X2 断块 NgII4—6 砂组累计实施新钻井 14 口，其中 12 口井

在不同砂组钻遇河道砂体，11 口井获得工业油流(表 1)，取得了较好的开发效果，储层预测与实际钻遇吻合率接近 86%，进一步验证了该河道砂体刻画方法的可靠性。

表 1   唐 71X2 断块新井钻遇及投产情况表

序号	井号	NgII4—6 钻遇油层情况		投产层位	投产情况			
		层数	厚度/m		日产液/t	日产油/t	日产气/m³	含水/%
1	T35	1	1.6	NgII4	9.6	5.3	76	44.8
2	T36	1	1.8	NgII4	4.4	4.1	28	6.8
3	T48	1	1.8	NgII4	8.4	7.1	30	15.5
4	T49	1	3.1	NgII4	8.5	8.1	29	4.7

表1 唐71X2断块新井钻遇及投产情况表(续)

序号	井号	NgⅡ4—6钻遇油层情况		投产层位	投产情况			
		层数	厚度/m		日产液/t	日产油/t	日产气/m³	含水/%
5	T37	1	3.5	NgⅡ5	8.8	4.9	26	44.3
6	T39	6	6.3	NgⅡ5	4.2	3.4	26	19.0
7	T41	1	2.8	NgⅡ5	6.8	6.3	15	7.4
8	T40	2	2.1	NgⅡ6	10.2	9.2	32	9.8
9	T38	2	3.4	NgⅡ6	10.5	10.3	20	1.9
10	T43	1	1.3	NgⅡ6	9.9	9.6	33	3.0
11	T44	1	3.1	NgⅡ6	9.4	8.2	33	12.8
12	T47	0	0	NgⅡ4	目的层为粉砂岩,物性差,见油气显示			
13	T46	0	0	NgⅡ4	目的层为粉砂质泥岩,已侧钻			
14	T42	0	0	NgⅡ5	目的层为粉砂质泥岩,已侧钻			

4 结论

本文针对唐71X2断块 NgⅡ4—6砂组窄薄河道砂体,利用地震地层切片属性精细刻画河道砂体的平面展布,取得以下认识:

(1)钻井证明,该研究方法可靠性较高,可为南堡陆地浅层纵向单砂体厚度薄、层数少、泥岩发育,具有典型"泥包砂"特征的河流相窄薄河道砂体识别提供借鉴。

(2)精细小层对比,井震联合标定,总结河道沉积的地震反射特征,是地层切片属性提取和分析的基础。由于不同地区的地质条件、储层和油气藏特征各不相同,地震属性与储层的关系并不是一一对应的,需要结合已钻井资料对地震属性进行筛选。

(3)局部泥岩含粉砂质较高,受差异压实的影响,亦表现出中—强的地震反射特征,影响窄薄河道砂体的识别,下一步需要结合测井响应特征寻找敏感的属性参数进行筛选。另外,部分井钻遇储层为河道边部,储层物性差,影响了开发效果,需要在今后井位部署中尽量靠近河道中部。

参 考 文 献

[1] 王越,陈世悦.曲流河砂体构型及非均质性特征——以山西保德扒楼沟剖面二叠系曲流河砂体为例[J].石油勘探与开发,2016,43(2):209-218.

[2] 孙雨,懂毅明,王继平,等.松辽盆地红岗北地区扶余油层储层单砂体分布模式[J].岩性油气藏,2016,28(4):9-15.

[3] 姜华,汪泽成,王华,等.地震沉积学在塔北哈拉哈塘地区古河道识别中的应用[J].中南大学学报(自然科学版),2011,42(12):3804-3810.

[4] 周连敏.倾角方位属性在曲流河河道砂体预测中的应用[J].断块油气田,2017,24(4):471-473.

[5] 朱茂,朱筱敏,曾洪流,等.冀中坳陷饶阳凹陷浅水曲流河三角洲沉积体系——以赵皇庄—肃宁地区沙一段为例[J].岩性油气藏,2017,29(2):59-67.

[6] 杜世通.地震技术识别与描述超薄储层的潜力与局限[J].石油地球物理勘探,2005,40(6):652-662.

[7] 安鹏,于志龙,刘专,等.敏感频率地震属性在薄层砂体预测中的应用——以松辽盆地肇源地区为例[J].物探与化探,2020,44(2):321-328.

[8] 魏立花,杨占龙,韩小锋,等.薄砂体—窄河道地震识别技术研究及其在吐哈盆地 SN 地区应用[J].天然气地球科学,2014,25(12):2025-2033.

[9] 王时林,张博明,乔海波,等.马头营凸起馆陶组低幅度构造油藏精细评价[J].特种油气藏,2017,24(1):11-15.

[10] 张建坤,吴鑫,方度,等.马头营凸起馆二段窄薄河道砂体地震识别[J].岩性油气藏,2018,30(6):89-97.

[11] 郝杰,吴鑫,孙明,等.南堡地区浅层河道砂体的识别[J].石油地球物理勘探,2018,53(1):151-157.

[12] 王时林,石文武,张博明,等.马头营凸起低幅度构造识别方法探讨[J].石油地质与工程,2015,29(5):5-7.

[13] 张建坤,杨国涛,吴吉忠,等.黄骅凹陷北区马头营凸起馆陶组砂体成因及展布特征[J].吉林大学学报(自然科学版),2017,47(1):48-51.

[14] 徐亚楠,冀冬生,卞龙,等.河道砂体刻画技术在彩南油田头屯河组中的应用[J].石油地球物理,2018,53(2):279-283.

[15] 林年添,高登辉,孙剑,等.南黄海盆地青岛坳陷二叠系、三叠系地震属性及其地质意义[J].石油学报,2012,33(6):987-994.

[16] 井涌泉,栾东肖,张雨晴,等.基于地震属性特征的河流相叠置砂岩储层预测方法[J].石油地球物理勘探,2018,53(5):1049-1057.

[17] 陈永波,潘建国,高建虎,等.岩性油气藏关键技术攻关与应用

研究——以准格尔盆地准东阜 11 井区为例[J]. 地球物理学
进展,2012,27(4):1598-1608.

[18] 邓吉峰,周东红,杜晓峰,等.基于地震—复合微相分析砂体描
述技术研究及应用[J]. 断块油气田,2013,20(1):55-58.

[19] 田涛,李久,唐何兵,等. 单河道砂体地震响应特征及精细描
述[J]. 物探化探计算技术,2021,43(1):15-19.

[20] 龙隆,杨瑞召,刘颖,等.浅层河道砂体的地震准确识别与精细

刻画[J]. 大庆石油地质与开发,2014,33(3):146-150.

第一作者简介　高东华(1984—),工程师,2007 年 7 月毕业于成都
理工大学地球化学专业,获学士学位;现主要从事油田开发研究工作。

(收稿日期:2022-8-22　　本文编辑:居亚娟)

灰色关联理论与支持向量机
在压裂井效果预测上的应用

张庆龙[1]　　张锋[2]

(1.中国石油冀东油田公司陆上作业区,河北　唐海　063299;
2.中国石油冀东油田公司储气库项目部,陕西　榆林　719000)

摘　要: A油田B区为断层—岩性油气藏,属低孔低渗储层,断块具有自然产能低、采出程度低、采油速度低、天然能量不足、产量递减速度快、含水上升速度快的特点。目前,水力压裂技术是低渗透油藏增产改造的主要措施,因此本次研究需要通过对断块内的井实施压裂措施来解决其存在的上述问题,而且充分利用已压裂井的生产数据和增产效果建立断块的压裂预测模型,为该断块或者地质特征相似邻近的小断块优化水力压裂设计及综合调整方案奠定良好的基础。本次研究运用油田评价效果较好的数学算法对A油田B区压裂效果进行了预测,通过灰色理论对影响压裂效果的多种因素进行选择,优选出影响压裂效果最为显著的几个因素,通过选择出的几个显著因素与邻近断块已压裂井初期见效平均日产油进行多元线性拟合,拟合出多元线性回归模型,最后通过支持向量机理论建立压裂井产量预测模型,应用这两种模型计算出预测断块的增油效果并与实际数据相比较,结果表明支持向量机的预测精度更高。

关键词: 低孔低渗储层;水力压裂技术;灰色关联理论;多元线性回归模型;支持向量机

由于断层和岩性的封闭作用形成的断层岩性油气藏,油藏本身利用天然能量开采,因此能量下降速度很快。各井动液面较深,大部分井处于供液不足的状态,为了提高该类油藏的采收率,提高采油速度,一般实施水力压裂措施。水力压裂主要是利用泵车将高速的流体注入要压裂的井中,随着流体不断地涌入井中使井底憋起高压,当压力大于地层的破裂压力时使得岩石产生裂缝。压裂效果的好坏受多方面因素的影响,并且它们之间往往不是简单的线性关系,因此需要从多种影响因素中找到主要影响因素,影响因素主要被分成两大类:一类为油藏本身;另一类为工艺的影响因素。

灰色关联理论是一种有效识别多因素内在关系的方法,它可以将多种影响因素之间的关联性定量化,即反映在曲线上为形状的接近程度,形状越相似,关联程度就越高。灰色关联理论是对各个系统进行灰色关联度分析,通过多种方法来找到各个系统之间的数值关联性,因此灰色关联理论为系统中寻找变化动态提供了定量的依据,非常适合动态历程的分析,所谓关联程度,本质上就是曲线之间几何形状的相似程度,曲线之间的差值大小可作为关联程度一大衡量尺度[1]。

1　研究概况及水力压裂

1.1　研究区概况

A油田B区的孔隙度5%～15%,渗透率5～15mD,含油面积2.06km²,可动用地质储量58×10⁴t,储层沉积相类型为扇三角洲沉积,目前年产油2500t,共有油井7口,开井5口,主要含油层系为Es_3^3。

1.2　水力压裂技术

目前,压裂的方法大致被分成两大类:水力压裂和高能气体压裂。为了防止产生的裂缝因压力下降而闭合,在地层产生裂缝之后往往会注入混入支撑剂的液体,裂缝依靠流入裂缝内的支撑剂使其长期处于开启状态,使得油气形成的环境长期处于改善状态。目前,水力压裂技术已十分成熟,它也是各大油田提产广泛使用的一项技术,尤其在低孔低渗的油气藏中效果显著。

2　压裂井选井关键因素选择

油藏本身包括压裂前的产能情况、含油物性、砂岩物性、地层情况四大方面,而工艺因素主要为施工参数。产能因素包括压裂前的日产油、含水、动液面,它反映了要压裂层段本身能量的强弱;含油物性包括油层的有效厚度、含油饱和度,它能够反映油藏地质储量;砂岩物性主要包括孔隙度与渗透率,反映了从油藏中采油的难易程度;地层情况主要为地层系数、连通情况、连通井数;施工参数主要包括支撑剂及加砂强度,它反映了储层被改造的强度,能够衡量改造后效果好坏及增油有效期。

2.1 灰色关联理论的基本原理

计算出各个比较序列与参考序列在各个时刻的关联系数,这个关联系数会随着时间变化而发生变化,通常有多个关联程度值,必须寻找一个办法将各个数值统一起来,因此可以将各个时刻的关联系数统一成一个数值,即求各个关联系数的平均值。灰色关联分析法实质是将研究目标与影响因素的因子视为一条线上的点,通过与要识别的对象及影响因素的因子数值所绘制的曲线进行比较,将它们之间的逼近程度进行量化,计算出的关联程度大小与识别对象对研究对象的影响程度大小一致[2]。

2.2 灰色关联理论的基本原理

2.2.1 确定参考数列与比较数列

参考数列为能够反映系统特征的序列,而比较数列指的是影响系统行为因素所构成的序列[3],本次研究考虑的因素包括压裂前的日产油、含水、动液面、地层的破裂压力,以及压裂单井各个小层的地质储量之和、油层的有效厚度、含油饱和度、孔隙度、渗透率、支撑剂、连通井数、表皮因子、加砂强度共 13 个因素[4-9],这 13 个因素不仅包括了地层本身的因素,还考虑了施工参数。

2.2.2 无量纲化

由于所选择因素种类繁多,各个因素影响的物理意义相差甚远,比较起来相当繁琐,导致不能够得出较为准确的结论,因此必须将不同物理意义的参数进行无量纲化处理,目的就是将不同意义的参数统一起来得出较为一致的结论,根据各个因素对产量的影响好坏可将指标分成两大类,即正相关指标与负相关指标。正相关指标无量纲化处理公式:

$$C_{ij} = [R_{ij} - (R_{ij})_{min}] / [(R_{ij})_{max} - (R_{ij})_{min}] \quad (1)$$

负相关指标无量纲化处理公式:

$$C_{ij} = 1 - [R_{ij} - (R_{ij})_{min}] / [(R_{ij})_{max} - (R_{ij})_{min}] \quad (2)$$

原样本数据无量纲化后的参考数列 $y_0 = \{y_0(k)\}$,比较数列 $y_i = \{y_i(k)\}$,其中 $k = 1, 2, \cdots, 13$; $i = 1, 2, \cdots, 12$。那么关联系数 $Bi(k) = [\Delta(min) + u\Delta(max)] / [\Delta i(k) + k\Delta(max)]$,其中 u 为分辨系数,取值范围为 0～1,取值根据实际情况,同时要遵循一定的原则:

(1)当比较数列出现异常值时,分辨系数要相对取低值,从而克服异常值在关联计算中的主导作用;

(2)当比较序列相对比较平稳时,分辨系数应该取大数值,进一步凸显关联度的整体性质;

(3)分辨系数应该根据比较数列的实际情况进行取值[10]。

2.2.3 构造差值矩阵

$\Delta i(k) = |y_0(k) - y_i(k)|$,表示 k 时刻参考数列与比较数列之间的绝对差值,通过绝对差值求得组成差值数列的极大值与极小值,并且构造出一个差值矩阵:

$$\begin{bmatrix} \Delta 1(1) & \Delta 1(2) & \cdots & \Delta 1(n) \\ \Delta 2(1) & \Delta 2(2) & \cdots & \Delta 2(n) \\ \vdots & \vdots & \vdots & \vdots \\ \Delta m(1) & \Delta m(2) & \cdots & \Delta m(n) \end{bmatrix}_{m \times n}$$

关联系数实质就是两个被比较序列在某一时刻的接近程度,取值范围 $Bi(k) \in (0, 1)$。两个序列的灰色关联度就是不同时刻关联系数之间的平均值:

$$u_{io} = \frac{1}{m} \sum_{i=1}^{m} b_{ij} \quad (3)$$

式中　u_{io}——i 与 o 两个序列的关联程度;

　　　　m——序列的长度。

2.2.4 相关系数的优选

由于分辨系数对于经验值依赖程度较高,没有给出一个准确的定量方法。分辨系数常常根据经验给出一个定值,这样会导致结果准确度大幅下降,此次研究根据具体情况将分辨系数根据不同区间范围给出相应的数值,从而将分辨系数在取值的过程中进行量化。

$$Bi(k) = \frac{\Delta(min) + u\Delta(max)}{\Delta i(k) + u\Delta(max)} \quad (4)$$

通过对参数的无量纲化处理使得 $\Delta(min) = 0$,并且令 $c = \frac{\Delta i(k)}{\Delta(max)}$,于是将分辨系数简化成 $Bi(k) =$

$\dfrac{u}{c+u}$,当 $\Delta(\max)\gg\Delta i(k)$ 即 c 趋近于 0,此时相关系数 $Bi(k)$ 趋近于 1,使得分辨系数区间很狭小,没法比较两个序列之间的相似性,而当 $\Delta(\max)\ll\Delta i(k)$,此时 c 趋近于无穷大,相关系数 $Bi(k)$ 趋近于 0,u 和 c 相比较会显得非常小,从而导致两个序列很难判断其相似性。因此,分辨系数可以按照下列区间进行取值:

当 $0<Bi(k)<0.25$ 时,此时比较数列会出现异常值,此时 $u(k)$ 应该取小值来控制 $\Delta(\max)$ 的主导地位,通常令 $u(k)=2Bi(k)$;

当 $Bi(k)>0.25$ 时,此时比较数列相对比较平稳,此时 $u(k)$ 应该取大于 0.8 的数值来体现关联程度的整体性;

当 $Bi(k)=0$ 时,此时关联度 $Bi(k)$ 与 $u(k)$ 没关系,$u(k)$ 可以在 (0,1] 任意取值。

2.2.5 优选影响因素

根据 A 油田 B 区的地质特征,选择断块压裂后初期的平均单井日产油量为参考数列,以各个单井压裂段的控制储量、压裂前的日产油量、含水、动液面、破裂压力、地层的孔隙度、渗透率、含油饱和度、支撑剂、连通井数、表皮因子、加砂强度、油层的有效厚度共 13 个指标作为比较数列,利用以上 4 个步骤算出参与运算的 12 口井的关联程度,最终计算出比较数列(控制储量、压裂前日产油、含水、动液面、破裂压力、孔隙度、渗透率、含油饱和度、表皮因子、连通井数、支撑剂、加砂强度、油层有效厚度)所对应的 $u(k)$ 分别为 0.65、0.36、0.45、0.58、0.65、0.38、0.76、0.88、0.95、0.73、0.55、0.23、0.49,然后将其数值代入公式中进行计算,计算得到比较数列的相关系数表(表 1)。

表 1 邻近断块关联程度计算表

井号	控制储量/ 10^4t	压裂前日产油/ t	压裂前含水/ %	动液面/ m	破裂压力/ MPa	孔隙度/ %	渗透率/ mD	含油饱和度/ %	表皮因子	连通井数/ 口	支撑剂密度/ g/cm^3	加砂强度/ m^3/m	油层有效厚度/ m
A1	12.33	1.65	15	2300	0.2	18	11.5	45	6.33	1	0.65	0.75	10.5
A2	1.65	2.3	20	1750	0.45	15	7.3	35	2.75	2	0.35	0.35	2.9
A3	0.32	0.85	25	2260	0.33	17	5.6	40	0.36	2	0.55	0.5	1.8
A4	3.54	0.55	12.5	3340	0.47	9.5	4.5	55	-0.6	1	0.35	0.45	6.5
A5	1.97	0.45	60	1300	0.33	12	1.96	25	-1.5	3	0.27	0.3	4
A6	2.55	0.64	13	1765	0.67	12.5	2.35	65	9.7	2	0.85	0.65	5.2
A7	2.86	3.43	77	530	0.83	13.2	3.4	44	10.5	3	0.6	0.7	6.6
A8	3.65	1.32	68	1960	0.95	12.3	5.2	56	11.6	1	0.27	0.67	7.8
A9	4.75	1.55	90	2390	0.56	11.8	9.87	35	5.5	1	0.55	0.85	9.5
A10	5.46	1.23	35	1600	0.35	10.7	6.56	23	-0.5	2	0.85	0.55	8.7
A11	3.95	2.55	70	1850	0.55	11.5	7.6	15	9.8	3	0.7	0.60	9.6
A12	2.33	2.05	80	2100	0.32	12.3	5.35	25	12.9	2	0.75	0.45	3.4
关联程度	0.82	0.48	0.39	0.4	0.35	0.65	0.75	0.49	0.6	0.45	0.32	0.25	0.5

根据图表得到的影响因素关联程度大小进行排序,确定 A 油田 B 区日产油的各个参数主次顺序依次是:单井控制储量、渗透率、孔隙度、表皮因子、油层有效厚度、含油饱和度、压裂前日产油、连通井数、压裂前动液面深度、压裂前单井含水、地层破裂压力、支撑剂、加砂强度,为了更好地实现预测压裂效果的目的,就需要抓住主要矛盾忽略次要矛盾。因此本次选择关联程度较大的前五个因素作为影响压裂效果的主要因素。

3 压裂井产量预测

压裂井产量预测作为整个压裂工作中的重中之重,同样也是压裂选井的一项重要内容,一个好的预测模型可以给油田带来较高的经济效益,而一个错误的预测模型将会带来错误的导向,导致极大的经济损失。目前,油田压裂效果预测有两种较为流行的方法:一种是多元线性回归法;另一种是支持向量机的方法。多元线性回归法不需要任何假设条件,一般从实际数据出发,通过运算挖掘变量之间的内在联系,通过建立相关的线性模型对因变量与自变量进行模拟,最终通过回归方程进行预测[10];支持向量机的方法与神经网络十分相似,它的主要优势为不需要求出函数映射的表达式,而是在多维空间运用线性学习机的核函数进行运算,比线性模型计算更加简单高效,并且利用此方法不会增加计算的复杂性[11]。

3.1 多元线性回归法建立预测模型

利用多元线性回归法建立预测模型实质上就是通过已经存在的相关资料,建立压裂效果影响因素与压裂后增油效果的函数关系,在建立多元线性回归模型时,为了保证回归模型的质量,回归模型与影响因素之间应该满足以下 4 个方面的条件:

(1)自变量和因变量之间必须有密切的关系;

(2)自变量与因变量之间应该具有关联性但不是简单的数值相关;

(3)所选择的自变量之间必须相互独立,自变量之间的相关性不应该强于因变量与自变量之间的关系;

(4)自变量的统计数据要完整且准确。

选择影响因素并建立相关函数。根据灰色相关理论法所选择的影响因素作为多元线性回归的自变量,它们依次为单井控制储量、渗透率、孔隙度、表皮因子、油层有效厚度。根据多元线性回归的因变量选择原则将孔隙度因素暂且除去,因为孔隙度与渗透率之间存在着较为密切的内在联系(表2),从而建立多元线性回归模型的自变量只有 4 个 [式(5)]。

$$Y = \alpha_0 + \alpha_1 X_1 + \alpha_2 X_2 + \alpha_3 X_3 + \alpha_4 X_4 + b \qquad (5)$$

其中,Y 是可观察的随机变量,$\alpha_i (i=1,2,3,4)$ 为所求的回归系数,$X_i (i=1,2,3,4)$ 为选择出的 4 个影响因素,b 为随机误差。所求的回归系数就是使函数 $\sum_{i=1}^{12} [Y(X_{i1},X_{i2},X_{i3},X_{i4})-Y_i]^2$ 取得最小值时的回归系数,利用最小二乘法求取回归系数,求出 $\alpha_1 = 0.31$,$\alpha_2 = 0.2$,$\alpha_3 = -0.3$,$\alpha_4 = 0.15$,$\alpha_0 = -2.5$,最终该断块的多元线性回归函数为 $Y = 0.31X_1 + 0.2X_2 - 0.3X_3 + 0.15X_4 - 2.5$。

通过对 12 口井进行拟合,对拟合好的多元模型进行验证,资料整体的拟合结果大体符合标准,绝对误差在 0.6t 以内,相对误差在 15% 以内(图1与表2),预测结果显示所建立的预测模型对于低产量的井预测效果较差,而对于高产量的井预测效果较好(表3)。

表 2　多元线性回归法压裂后日产油计算值与实际值对比表

井号	控制储量/ 10⁴t	渗透率/ mD	表皮因子	油层有效厚度/ m	实际/ t	计算/ t	误差/ t	相对误差/ %
A1	12.33	11.50	2.1	16.50	5.12	5.47	0.35	6.84
A2	1.65	17.30	0.75	6.90	2.17	2.28	0.11	5.07
A3	1.32	15.60	0.36	5.80	1.95	1.79	0.16	8.21
A4	3.54	14.50	0.6	6.50	2.10	2.29	0.19	9.05
A5	11.97	9.96	−1.5	8.00	4.25	4.85	0.60	14.12
A6	12.55	12.35	3.2	15.20	5.20	5.18	0.02	0.38
A7	9.86	9.40	1.5	9.60	3.90	3.43	0.47	12.05
A8	13.65	15.20	1.6	12.50	6.05	6.17	0.12	1.98
A9	4.75	9.87	0.35	9.50	2.07	2.27	0.20	9.66
A10	5.46	16.56	−0.5	8.70	4.15	3.96	0.19	4.58
A11	9.95	13.60	1.3	9.60	3.96	4.35	0.39	9.85
A12	12.65	15.35	−0.7	11.50	6.87	6.43	0.44	6.40

表 3　多元线性回归预测值与实际值对比表

井号	控制储量/ 10⁴t	渗透率/ mD	表皮因子	油层有效厚度/ m	实际/ t	计算/ t	误差/ t	相对误差/ %
b1	2.40	21.00	3.95	23.00	7.50	7.88	0.38	5.07
b2	2.84	31.00	0.75	19.00	8.90	9.75	0.85	9.55
b3	1.44	19.10	0.35	8.00	4.50	2.87	1.63	36.22
b4	4.90	2.85	1.75	11.00	0.49	0.71	0.22	44.90

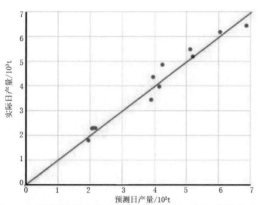

图 1　多元线性回归法计算压后产量与实际产量交会图

3.2　支持向量机建立预测模型

支持向量机是在统计学理论的基础之上发展而来的全新统计方法,它与神经网络非常相似,一般通过使用核函数的展开定理,不必求出函数的表达式,主要是在多维空间充分地利用线性学习机的方法进行运算,运用此种方法可以消除因维数增加而导致的计算量大幅增加的现象[12-15]。目前,支持向量机较为常见的几种核函数如下:

(1)线性核函数:

$$K(x,x_i) = xx_i$$

(2)径向机核函数:

$$K(x,x_i) = \exp(-\|x-x_i\| 2a^2)$$

(3)多项式函数:

$$K(x,x_i) = (xx_i+1)^d$$

(4)Sigmoid 核函数:

$$K(x,x_i) = s[v(x,x_i)+C]$$

根据 A 油田 B 区压裂增产实际数据,运用支持向量机建立压裂效果的预测模型,利用该预测模型对目标断块的 4 口压裂井增产效果进行预测,并与实际压裂增产数据相比较。

3.2.1　支持向量机建模

(1)选择主要影响因素。

依据灰色相关理论确定的 5 个因素作为支持向量机建模的影响因素,这 5 个因素按照相关程度由大到小依次为单井控制储量、渗透率、孔隙度、表皮因子、油层的有效厚度。

(2)归一化。

$$\bar{x} = \frac{x-x_{min}}{x-x_{max}} \tag{6}$$

(3)参数选择。

选择邻近断块的 12 口已压裂油井作为训练样本,本次研究利用 C 语言进行编程从而对训练样本与测试样本进行反复计算,根据实际运算成果,从上述 4 种函数中选择 Sigmoid 函数作为核函数,参数 C 取值为 2.9。

3.2.2　预测效果评价

经过样本训练与参数确定之后确定的支持向量机回归模型的精度较高,无论是拟合断块还是预测断块的压裂井,其实际数据与计算数据的相对误差均在 5% 之内(表4、表5和图2),说明支持向量机更加适用于建立本研究区压裂效果的预测模型,特别是在训练数据较少的情况下。

表 4　支持向量机压后日产油计算值与实际值对比表

井号	控制储量/ 10^4t	渗透率/ mD	表皮因子	油层有效厚度/ m	实际/ t	计算/ t	误差/ t	相对误差/ %
A1	12.33	11.50	2.1	16.50	5.12	5.10	0.02	0.39
A2	1.65	17.30	0.75	6.90	2.17	2.07	0.10	4.61
A3	1.32	15.60	0.36	5.80	1.95	1.93	0.02	1.03
A4	3.54	14.50	0.6	6.50	2.10	2.05	0.05	2.38
A5	11.97	9.96	-1.5	8.00	4.25	4.05	0.20	4.71
A6	12.55	12.35	3.2	15.20	5.20	4.99	0.21	4.04
A7	9.86	9.40	1.5	9.60	3.90	4.05	0.15	3.85
A8	13.65	15.20	1.6	12.50	6.05	5.94	0.11	1.82
A9	4.75	9.87	0.35	9.50	2.07	2.01	0.06	2.90
A10	5.46	16.56	-0.5	8.70	4.15	4.10	0.05	1.20
A11	9.95	13.60	1.3	9.60	3.96	3.86	0.10	2.53
A12	12.65	15.35	-0.7	11.50	6.87	6.79	0.08	1.16

表 5　支持向量机预测值与实际值对比表

井号	控制储量/ 10⁴t	渗透率/ mD	表皮因子	油层有效厚度/ m	实际/ t	计算/ t	误差/ t	相对误差/ %
b1	2.40	21.00	3.95	23.00	7.50	7.39	0.11	1.47
b2	2.84	31.00	0.75	19.00	8.90	9.15	0.25	2.81
b3	1.44	19.10	0.35	8.00	4.50	4.39	0.11	2.44
b4	4.90	2.85	1.75	11.00	0.49	0.51	0.02	4.08

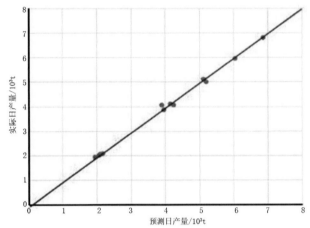

图 2　支持向量机计算压后产量与实际产量交会图

4　结论

（1）A 油田 B 区属于低孔低渗油气藏,利用天然能量开发,没有能量供给,从而导致油藏能量下降速度较快。目前,提产主要措施为压裂,压裂效果的预测将是选准压裂井的重要前提。

（2）经过对压裂效果影响因素的深入了解与分析,同时密切结合油藏的实际情况,充分运用灰色相关理论求出 13 种影响因素对已压裂 12 口井的相关系数,从而确定了单井控制储量、渗透率、孔隙度、表皮因子、单井油层有效厚度 5 个因素作为研究区影响压裂效果的主控因素。

（3）在运用灰色理论筛选出的 5 种主要影响因素之上,利用建模断块的实际压裂日产油数据与这 5 个影响因素建立内在联系,多元线性回归模型的建立过程实质就是建立压裂效果影响因素与压裂增油函数关系的过程,结果表明多元线性回归法对于压裂后低产井的预测效果较差,相对误差均在 35% 以上。因此,多元线性回归法不适用于该研究区的压裂效果预测,特别在建模数据较少的情况下。

（4）在已选择好的 5 种影响因素归一化的基础之上,利用 Matlab 编程对已经归一化的数据与压裂井的实际平均日产油数据进行反复训练,从而选择出最优的核函数进行运算,运算结果与实际数据相差都在 5% 以内,这说明支持向量机在训练数据较少的情况下预测精度远远优于多元线性回归法。

参 考 文 献

[1]　张恒.内蒙古创新方法推广应用示范企业的辐射效应研究 [D].呼和浩特:内蒙古工业大学,2018.

[2]　陈珊珊,邓虎成,吴巧英,等.灰色关联分析在压裂效果影响因素研究中的应用[J].辽宁化工,2012,41(8):829-831.

[3]　刘军杰.官 110 区块压裂改造效果预测及评价研究[D].青岛:中国石油大学(华东),2016.

[4]　任岚,胡永全,赵金洲,等.重复压裂初裂缝有效率评价方法 [J].大庆石油地质与开发,2006,25(3):70-72.

[5]　李林地,张士诚,马新仿,等.气井压裂选井层的一种新方法 [J].大庆石油地质与开发,2008,27(4):73-75.

[6]　刘思峰.灰色系统理论及其应用[M].北京:科学技术出版社,2010:67-92.

[7]　裴润有,蒲春生,吴飞鹏,等.胡尖山油田水力压裂效果模糊综合评判模型[J].特种油气藏,2010,32(2):107-109.

[8]　Sietsme J,Dow JF.Creating artificial neural networks that generalize [J].Neural Networks,1991,4(1):63-68.

[9]　Economides M J,Nolte K G.油藏增产技术[M].3 版.张保平,等译.北京:石油工业出版社,2002.

[10]　胡高贤,龚福华.多元回归分析在低渗透油藏产能预测中的应用[J].油气田地面工程,2010,29(12):20-24.

[11]　乐友喜,刘雯林.应用支持向量机方法预测聚合物驱参数[J].石油勘探与开发,2004,31(3):119-126.

[12]　袁士宝,蒋海岩,鲍丙生,等.基于支持向量机的火烧油层效果预测[J].石油勘探与开发,2007,34(1):102-104.

[13]　石广仁.支持向量机在裂缝预测及含气性评价应用中的优越性[J].石油勘探与开发,2008,35(5):586-593.

[14]　徐耀东,任允鹏,丁良成,等.基于支持向量机的调剖效果预测方法研究[J].断块油气田,2007,14(2):48-52.

[15]　梅建新,段汕,潘继斌,等.支持向量机在小样本识别中的应用 [J].武汉大学学报(理学版),2002,48(6):130-136.

第一作者简介　张庆龙(1990—),男,工程师,2017 年毕业于中国石油大学(华东)油气田开发地质专业,获硕士学位;现主要从事油气田开发方面工作。

(收稿日期:2022-8-22　　本文编辑:居亚娟)

油基钻井液对地层参数的影响分析与认识

范秋霞[1] 吴 琼[2] 汪 琼[1] 李 雪[3]

(1.中国石油冀东油田公司勘察设计与信息化研究院,河北 唐山 063004

2.中国石油冀东油田公司勘探开发研究院,河北 唐山 063004

3.中国石油冀东油田公司开发技术公司,河北 唐海 063400)

摘 要:油基钻井液具有抗高温、有利于井壁稳定、润滑性好和对油气层损害程度小等优点,已广泛应用于钻深井、超深井、大斜度定向井、水平井和水敏性复杂地层井。在分析油基钻井液优点和缺点的基础上,介绍了油基钻井液体系研究及应用,总结了油基钻井液对储层电阻率、孔隙结构等参数的影响。同时调研了关于井壁稳定、钻井液流变性与稳定性、井眼净化效果、滤饼处理和环境等问题配制合适油基钻井液的方法要求。通过调研表明,油基钻井液具备良好的井壁稳定性和油层保护效果,能够很好地解决南堡油田诸多探井在钻探过程中深部地层发生井壁失稳坍塌问题,但会影响后续的测井、录井等工艺对油气层的识别。

关键词:深部勘探;油基钻井液;钻井液处理剂;孔隙结构

钻井施工过程中,机械钻具从地表向下钻穿地层到达油气储层,需要使用钻井液循环冷却、润滑钻头,并携带岩屑上返、清洁井底[1]。在过平衡钻井过程中,钻井液可能会在井眼内外压差作用下侵入渗透性地层,改变了近井眼地层的原始状态,在径向上形成冲洗带、过渡带和原状地层,影响储层的测井响应和流体识别,造成储层测井评价困难,并导致渗透率伤害[2-4]。

目前采用的钻井液有水基钻井液和油基钻井液。水基钻井液的连续相是水或者含有盐类物质,是最常用的钻井液。油基钻井液是指以油作为连续相的钻井液,早在 20 世纪 60 年代,国外就对油基钻井液十分重视。80 年代以来,国内先后在华北、新疆、中原、大庆等油田使用过油基钻井液,但由于成本和环境保护问题,应用十分有限,直到近年来,随着国内各类高温高压非常规井的增多,油基钻井液逐渐被关注并得到广泛的应用[5-7]。与水基钻井液相比,油基钻井液抗伤害能力强,润滑性好,抑制性强,热稳定性好,有利于保持井壁稳定,能够更有效地保护油气层,提高油气产量。油基钻井液的缺点主要体现在成本高、不利于测录井作业、对环境存在严重影响、可能引发灾难性事故等[8-9]。

本文在分析油基钻井液优点和缺点的基础上,介绍了油基钻井液主要组成部分和应用体系,总结了油基钻井液对储层的电阻率、孔隙结构、油气特征等参数的影响。调研了关于井壁稳定、钻井液流变性与稳定性、井眼净化效果、滤饼处理和环境等问题配制合适油基钻井液的方法要求,为冀东油田的进一步开发提供了技术储备。

1 油基钻井液类型

油基钻井液主要起乳化、降滤失和封堵作用,分为油包水钻井液(含水量一般为 10%～60%)和全油基钻井液(含水量不超过 7%)[10],目前主要有以下油基钻井液体系[11]。

1.1 油基钻井液体系

1.1.1 边水油藏治理对策研究

INTOLTM100%油基钻井液是以柴油或低毒矿物油为基油,由用作高温高压降滤失剂的聚合物降滤失剂、有机膨润土、乳化剂、润湿剂、加重剂等组成,在 204℃下体系性能稳定。该体系与水基聚合物钻井液具有相似的流变性,动塑比高,剪切稀释性好,有利于减少井漏,改善井眼清洁状况及悬浮性,提高钻井速度。

1.1.2 白油基钻井液

白油基钻井液是以 5 号白油为基油,通过对增黏剂、表面活性剂、碳酸钙、氧化钙、降滤失剂等进行优选,形成的无黏土全油基低密度钻井完井液。该钻井液密度小,黏度可控,切力适中,滤失量小,电稳定性好、抗温性强，在高温下的乳化效果好，能够抗20%水、8%盐（NaCl）、20%土污染，且滤液全为油，有利于储层保护。此外，还具有生物毒性较低、塑性黏度低等特点，可用于易塌地层、盐膏层、能量衰竭的低压地层和海洋深水钻井。

1.1.3　气制油钻井液

由于气制油黏度低、无多环芳烃、生物降解能力强、热稳定性好，与常规油基钻井液相比，以气制油为基础的气制油钻井液黏度低、当量循环密度低，有利于防止井漏、井喷、井塌等井下复杂情况的发生，可提高钻井速度，且毒性低，可直接排放，环境保护性能好。

1.1.4　低毒油基钻井液

基油中芳烃质量分数小于0.01%的油基钻井液即为低毒油基钻井液，也称无芳烃钻井液。无芳烃钻井液毒性低，一般油基为棕榈油等植物油，对环境的影响小于矿物油基钻井液和合成基钻井液。

1.1.5　可逆转乳化钻井液

可逆转乳化钻井液除所用乳化剂不同之外，在组成和性能方面均与其他油基钻井液相同。由于采用油基钻井液在完井时残留钻井液和滤饼不易清除，海上钻井时带残留油的钻屑不易处理，固井时会导致水润湿地层和套管之间的水泥胶结强度降低，严重影响固井质量。可逆转乳化钻井液在碱性条件下会形成稳定的油包水乳化钻井液，而在酸性条件下则形成稳定的水包油乳化钻井液。通过控制体系的酸碱性，在钻完井不同阶段，可以很方便地在油包水和水包油乳化钻井液之间转换。可逆转乳化钻井液具有很强的抗温和抗伤害能力，储层保护效果好，渗透率恢复值在85%以上。

1.2　油基钻井液中的处理剂

油基钻井液中的处理剂主要包括降滤失剂、表面活性剂和有机膨润土等。降滤失剂主要用于控制体系的滤失量和稳定性，高软化点（大于220℃）沥青是良好的降滤失剂之一。表面活性剂主要包括润湿剂和乳化剂，其中润湿剂的主要作用是使刚进入钻井液的钻屑和加重材料表面迅速转变为油湿，从而保证它们能较好地悬浮在油相中。乳化剂主要用来保证钻井液的乳化稳定性。有机膨润土是由亲水膨润土与季铵盐类阳离子表面活性剂通过离子交换吸附反应而制成的亲油膨润土，它可以在油基钻井液中很好地分散，从而达到增加钻井液黏度、切力和

降低滤失量的目的[11]。

2　油基钻井液侵入特征

钻井液侵入是一种复杂的物理过程，对侵入机理的研究始于20世纪50年代，Ferguson等[12]采用全井眼尺寸的实验装置实施水基钻井液侵入实验，发现储层的钻井液侵入是一动态变化过程，侵入分为三种形式：瞬时滤失、动态滤失、静态滤失。其中：瞬时滤失时间很短，但滤失流量最大；动态滤失时间最长，滤失流量中等；静态滤失时间较长，滤失流量最少。侵入初期瞬时滤失的侵入速度远高于侵入后期静态滤失的侵入速度。

实际钻井过程中，在初始的瞬时滤失过后，动态滤失与静态滤失这两种形式将交替出现。钻井液中的液相会在压差作用下滤失进入渗透性地层，钻井液失水后，其固相颗粒会在井壁上附着形成滤饼，随着侵入的进行，滤饼逐渐变厚并被压实，导致地层渗透性降低，对钻井液滤液的持续侵入起到减慢或阻碍作用[13]，油基钻井液侵入改变了储层参数。

2.1　电阻率

油基钻井液中可能有微量的水，也可能一点水都没有，因此相比于水基钻井液，油基钻井液在有着更好的钻井液性能的同时，其对电流的导通效果极差。地层刚钻开时，油基钻井液滤液侵入量小，滤饼薄，冲洗带和过渡带较窄；钻开一段时间后，滤饼增厚，冲洗带和过渡带宽度增大，刚钻开地层的电阻率一般可以代表地层真电阻率，钻开一段时间后，电阻率特别是探测深度较浅的电阻率会包含冲洗带和过渡带的流体性质变化信息，即储层电阻率在径向上会出现一个"高阻环带"；"高阻环带"随侵入时间范围变宽且向远离井壁方向移动，为电阻率高侵特征。地层径向电阻率向远离井壁方向依次减小，侵入过程中不断驱替原始地层流体，造成侵入带内地层含水饱和度不断降低，侵入持续一段时间后，滤饼逐渐成形，在井壁形成封堵，油基钻井液侵入在一定径向深度范围内达到动态平衡，地层电阻率趋于稳定。油基钻井液中的固相颗粒在地层端面上不断沉积，形成的低渗透滤饼有效延缓了油基钻井液向砂岩地层深处的持续侵入。与高孔高渗砂岩地层相比，低孔低渗砂岩地层的侵入深度更深；在相同径向位置，低孔低渗砂岩地层电阻率率先增大，且电阻率增大

速度更快,侵入从开始至达到动态平衡的历时更短。

2.2　孔隙结构

储层孔隙结构主要用孔隙度和渗透率进行评价。水基和油基钻井液滤液在低孔低渗砂岩储层中的侵入深度均比其在高孔高渗砂岩储层中的侵入深度深。渗透率伤害的宏观表现为渗透率下降;微观实质为岩石渗流空间改变和孔隙结构恶化。颗粒侵入伤害和黏土吸水伤害是渗透率伤害两种主要形式。当固相颗粒直径大于储层岩石孔隙喉道直径时,固相颗粒会直接堵塞渗流通道;当固相颗粒直径小于岩石孔隙喉道直径时,由于岩石孔隙表面并不规则,固相颗粒会被吸附、填充在孔隙表面。砂岩储层岩石通常含有一定种类的敏感性黏土矿物(如蒙皂石、伊利石、高岭石、绿泥石和伊/蒙混层等)。含水油基钻井液侵入过程中,水分子会进入这些黏土矿物晶间层,减弱晶间层相互作用力,增大晶格间距。敏感性黏土矿物在吸水膨胀的同时,会使岩石孔隙空间内的部分可动水转换为束缚水。吸水膨胀后的敏感性黏土矿物会在岩石孔隙喉道中分散、运移和再沉积。这两种渗透率伤害机理都能够改变储层孔隙度、降低储层可动水饱和度、恶化储层岩石孔隙结构,并最终导致储层渗透率出现显著降低[14]。

储层物性与渗透率伤害程度呈负相关关系,即储层物性越差,渗透率伤害程度越高。低孔低渗砂岩储层比高孔高渗砂岩储层的渗透率伤害更为严重,但其孔隙度变化并不明显。低孔低渗砂岩储层的孔隙喉道更窄,在钻井液侵入过程中,只有极少量钻井液固相颗粒能够侵入低孔低渗砂岩储层,固相颗粒侵入对孔隙喉道堵塞和孔隙空间收缩(孔隙度降低)的贡献有限。而由于钻井液滤液与敏感性黏土矿物不配伍,一部分原先的可动水被吸入黏土矿物晶间层后转化为束缚水,黏土吸水膨胀主要导致岩石孔隙结构恶化,储层渗透率就会受到严重伤害[15-16]。

2.3　侵入深度

钻井液压差是钻井液侵入储层的动力,相同条件下,钻井液压差越大,钻井液滤液侵入深度越深。与水基钻井液相比,油基钻井液固相含量和滤液黏度更高,在砂岩储层井壁处形成滤饼更快,滤饼渗透性更差,对钻井液滤液持续侵入的阻碍作用更大。

因此,油基钻井液在砂岩地层中的侵入深度比水基钻井液更浅,水基钻井液侵入深度是油基钻井液侵入深度的 2.8~3.8 倍。相同条件下,储层物性越差,滤饼在井壁处形成越慢,滤饼受钻井液压差压实时间越短,导致其渗透率降低更慢,对钻井液滤液的阻碍作用越弱,最终导致钻井液滤液侵入深度越深。

2.4　油气层特性

油基钻井液具有较强的荧光背景和全烃基值,掩盖了地层油气的真实信息,给荧光录井、气测录井发现油气带来了严重影响;同时,油基钻井液具有较强的亲油性,钻开油层后,侵入井筒的原油与钻井液中的基础油快速融合,给油层的识别带来了极大困难;而且,油基钻井液条件下的岩屑难以清洗出岩石本色,基于岩屑的油气分析手段也失去了作用。

3　实际应用中的注意事项

3.1　井壁稳定

为了保证钻井过程中井壁稳定,主要采取以下技术措施[11]:

(1)选用高密度油基钻井液,平衡地层压力,保持井壁稳定;

(2)通过调整基础油与 $CaCl_2$ 水溶液,维持稳定的油水比,减少页岩的水化膨胀,降低井壁失稳的风险;

(3)现场应储备足够量的封堵与防塌材料,可根据井下实际情况适当添加封堵剂与防塌剂,提高钻井液防塌和封堵能力,减少井壁失稳;

(4)根据应用情况适当调整降滤失剂的增加量。

3.2　良好的流变性与稳定性

高密度油基钻井液对温度变化更为敏感,钻井液循环过程中温度变化大,流变性与稳定性难以维护。为保证良好的流变性与稳定性,主要采取以下技术措施[17]:

(1)引入新型乳化剂,提高钻井液的稳定性,根据破乳电压值调整基础油和乳化剂加量比例,调控 $CaCl_2$ 水溶液浓度,使钻井液破乳电压值始终保持在400V 以上;

(2)加强钻井液固相含量控制,全程开启振动筛,除砂器、除泥器使用率达 85%,离心机使用率在20%~40%,离心机使用时加强密度监测,遇到异常情况应及时处理。

3.3　井眼净化效果

为保证井眼净化效果，有效清理岩屑床，降低摩阻扭矩，避免井下复杂事故，主要根据实际地层情况加入特定乳化剂和降滤失剂。乳化剂能够降低油水界面张力，形成牢固的吸附膜，从而使油基钻井液保持稳定的油包水乳化状态；降滤失剂减少滤液渗入地层，从而减少泥页岩膨胀掉块造成井壁失稳[18]。

3.4　滤饼处理

油基钻井液作业后不可避免会有滤饼残留在井壁上和井筒内，这些残留滤饼会堵塞储层孔喉通道和井下工具如筛管，进而影响后期测试生产。主要措施是配制油基滤饼解除液（选用溶蚀剂、渗透剂、分散剂和助溶剂等系列功能助剂），改善油基钻井液的储层保护效果，提高油田开发的综合经济效益。首先需要带刮管器下钻刮管，并大排量循环，替出井内大部分滤饼；再用白油、完井液替出井内油基钻井液；最后替入滤饼解除液，顶替至目的井段浸泡，随后循环洗井。

3.5　环境问题

钻屑或钻井液的排放，会对环境造成一定的影响，影响程度取决于钻井液的毒性、生物可降解性和聚集特性，影响范围主要取决于钻屑的排放量、排放深度等。使用油基钻井液时，钻屑上滞留的油量越多，处理越复杂。目前，主要采用复合阳离子表面活性剂，可有效地减少钻屑表面所吸附的油量，还可以改善流变性和起到降滤失的作用。

4　油基钻井液在油田的应用前景

随着南堡油田深层火山岩井段勘探的突破，钻井深度逐年增加，部分探井已钻至5000m以深。东三段地层上部岩性以灰色泥岩为主，夹薄层粉砂岩，下部发育灰黑色厚层玄武岩。沙一段地层岩性以深灰色、黑灰色泥岩为主，局部地区发育厚层火山岩，火山岩中上部为玄武岩，中、下部为凝灰岩。沙二段、沙三段地层岩性为浅灰色细砂岩，粉砂岩与深灰色泥岩互层，局部地区发育厚层凝灰岩和玄武岩。南堡油田深层泥岩、凝灰岩、玄武岩地层微裂缝发育、自吸水现象严重，产生水力尖劈，导致地层破碎。常用的水基钻井液在封堵、抑制、防塌的性能上无法满足该井段井壁稳定需要，诸多探井在钻探过程中深部地层发生井壁失稳坍塌，无法实现勘探目的。

油基钻井液有较强的抑制能力、优异的封堵能力和膜效率特性等优势，类油基钻井液已在南堡油田复杂井中进行了两井次应用，表1为类油基钻井液与水基钻井液对比，证实类油基钻井液钻井的井径规则，平均井径扩大率较为理想，井壁稳定性好。应用效果表明，油基钻井液体系有望解决南堡油田深层（东营组、沙河街组）易水化分散、膨胀造浆和硬脆性泥岩坍塌问题，以减少储层伤害，提高采收率。

表 1　南堡油田类油基钻井液与水基钻井液对比

分组	井号	类别	钻井液类型	完钻井深/m	井斜/(°)	水平位移/m	井径扩大率/%
1	NP2-35		类油基钻井液	3962	33.45	1698.10	8.79
	NP2-3	邻井	氯化钾成膜钻井液	3018	1.80	21.44	15.1
2	NP4-65		类油基钻井液	4587	36.03	2047.73	9.44
	NP4-66	邻井	氯化钾成膜钻井液	4506	47.00	1683.81	15.36

5　结论

（1）油基钻井液抗伤害能力强，润滑性能好，抑制性强，有利于保持井壁稳定，能最大限度地保护油气层；性能稳定，易于维护，热稳定性好，使其在钻复杂井、特别是在钻高温深井和水敏性地层中尤为明显，其缺点主要体现在成本高，不利于测录井作业，对环境存在严重影响。

（2）目前主要油基钻井液体系有全油基钻井液、白油基钻井液、气制油钻井液、低毒油基钻井液和可逆转乳化钻井液等。

（3）在油基钻井液的实际应用中，分析地层物性，根据井壁稳定、钻井液流变性与稳定性、井眼净化效果、滤饼处理和环境要求等目的，通过实验配制合适的油基钻井液。

（4）类油基钻井液体系在南堡油田复杂井的成功应用表明,油基钻井液体系有望解决南堡油田深层(东营组、沙河街组)易水化分散、膨胀造浆和硬脆性泥岩坍塌问题。

参 考 文 献

[1] Mohamed A, Salehi S, Ahmed R. Significance and complications of drilling fluid rheology in geothermal drilling：A review[J].Geothermics,2021,93：102066.

[2] Adebayo A R, Bageri B S, Al Jaberi J, et al. A calibration method for estimating mud cake thickness and porosity using NMR data [J].Pet. Sci. Eng, 2020,195, 107582.

[3] Gamal H, Elkatatny S, Adebayo A. Influence of mud filtrate on the pore system of different sandstone rocks[J]. Pet. Sci. Eng, 2021, 202:108595.

[4] Wu J, Fan Y, Wu F, et al. Combining large-sized model flow experiment and NMR measurement to investigate drilling induced formation damage in sandstone reservoir[J].Pet. Sci. Eng, 2019, 176：85-96.

[5] Al-Arfaj M K, Abdulraheem A, Sultan A, et al. Mitigating shale drilling problems through comprehensive understanding of shale formations [C]. In Proceedings of the Day 2 Mon, Doha, Qatar, 2015.

[6] Elshehabi T, Ilkin B. Well integrity and pressure control in unconventional reservoirs：A comparative study of marcellus and utica shales[C]. In Proceedings of the SPE Eastern Regional Meeting, Canton, OH, USA, 2016.

[7] Doak J, Kravits M, Spartz M, et al. Drilling extended laterals in the marcellus shale[C]. In Proceedings of the Day 3 Tue, Pittsburgh, PA, USA, 2018.

[8] 张炜,刘振东,刘宝锋,等.油基钻井液的推广及循环利用[J].石油钻探技术,2008,36(6)：34-38.

[9] 刘俊,谭山川,方敏,等.天然气侵入油基钻井液的井口脱气分离技术[J].天然气技术,2010,4(3)：27-28,46.

[10] 刘晓东.油基钻井液的化学分析测试研究[J].石油天然气学报,2012, 34(1)：146-148.

[11] 王中华.国内外油基钻井液研究与应用进展[J].断块油气田,2011,18(4)：533-537.

[12] Ferguson C K, Klotz J A. Filtration from mud during drilling[J]. Journal of Petroleum Technology, 1954, 6(2)：30-43.

[13] Agwu Q E, Akpabio J U. Using agro-waste materials as possible filter loss control agents in drilling muds：A review[J].Pet. Sci. Eng,2018, 163：185-198.

[14] 吴俊晨,范宜仁,曹军涛,等.基于大尺寸地层模型的砂岩储层油基钻井液侵入模拟[J].石油学报,2019,40(11)：1407-1414.

[15] Fan Y,Wu Z, Wu F, et al. Simulation of mud invasion and analysis of resistivity profile in sandstone formation module[J].Pet. Explor. Dev,2017, 44：1045-1052.

[16] Zhao J, Yuan S,Li W,et al. Numerical simulation and correction of electric logging under the condition of oil-based mud invasion [J]. Pet. Sci. Eng, 2019, 176：132-140.

[17] 潘谊党,于培志,杨磊.高密度油基钻井液在威204H37-5井的应用[J].云南化工,2019,46(5)：161-164.

[18] 董悦,盖姗姗,李天太,等.固相含量和密度对高密度钻井液流变性影响的实验研究[J].石油钻采工艺,2008,30(4)：36-40.

第一作者简介 范秋霞(1988—),女,工程师,2009年毕业于中国地质大学长城学院,获学士学位;现从事地面建设和油气储运设计工作。

(收稿日期:2022-8-22 本文编辑:居亚娟)

水玻璃复合凝胶的研究与应用

苑　鹏　郭吉清　郭庆君　白　杰

(中国石油冀东油田唐山冀油瑞丰化工有限公司,河北　唐山　063000)

摘　要:冀东油田中低渗透油藏存在注入水沿平面单向突进、吸水剖面差异大、注采调控难度大等问题,用水玻璃、网络保水剂和延迟活化剂制备了水玻璃复合凝胶堵剂,筛选优化了堵剂配方,研究了堵剂的注入性和封堵性,并在油田开展了现场应用。结果表明:水玻璃、网络保水剂和延迟活化剂按照质量比 15∶0.2∶3 制备的水玻璃复合凝胶堵剂,体系中水玻璃反应率可达 98% 以上,凝胶体积不小于 100%;成胶前黏度 15mPa·s,岩心注入阻力系数 5～6;95～120℃ 成胶时间 9～17.5h,在 120℃ 养护成胶后黏度为 3800mPa·s,180 天黏度保留率为 93%,对渗透率在 170mD 以下的油藏封堵率大于 93%,水冲刷 15PV 之后,封堵率大于 90%。在冀东油田现场应用 6 口井,平均单井注水启动压力上升 4.32MPa,吸水剖面得到改善,对应油井见效,累计增油 4314t。

关键词:水玻璃凝胶;中低渗透;非均质;膨胀

中低渗透油藏是冀东油田开发中重要的一部分,油藏温度为 93～116℃,驱动类型以人工水驱为主。由于油藏层内夹层分布,且层内和层间非均质性严重,导致注入水波及范围小,易窜流,促使油井含水快速上升。目前,采用常规交联聚合物体系调剖,由于初始黏度高,注入井压力升高快,无法完成设计注入量,达不到油藏技术需求[1-2]。水玻璃类凝胶黏度低、注入性好,且比有机聚合物凝胶更耐温,同时材料具有价格低廉、易得的优点。但是,适合中低渗透油藏调剖堵水的体系不仅应具备初始黏度低、易注入的特点,还需要具有适当的成胶时间、强度和热稳定性等特点,既要控制油藏吸水剖面,又不能堵死地层。目前,传统的水玻璃类凝胶材料成胶时间短,一般只能处理井筒周围 1.5～3m 的地层;强度高,还易封死地层,风险高。笔者研究了由水玻璃、网络保水剂和延迟活化剂为原料制备的水玻璃复合凝胶材料,该材料吸水能力较弱、耐受热且具有一定强度[3-5]的硅酸类无机材料吸附于高分子网络分子链上,填充于网络结构中,与有机网络协同作用,同时对水玻璃复合凝胶的配方、性能进行了研究,形成了性能优异的复合凝胶体系,并在冀东油田开展了现场应用。

1　室内研究

1.1　实验

1.1.1　材料及仪器

高分子网络保水剂(主要成分为聚丙烯酰胺),工业品,唐山冀油瑞丰化工有限公司提供;水玻璃,工业品,唐山科瑞普化工公司提供;延迟活化剂(主要成分为磷酸二氢铝),工业品,唐山冀油瑞丰化工有限公司提供;地层水矿化度为 2000mg/L,离子组成:Na^+ 为 951.2mg/L, Ca^{2+} 为 34.6mg/L, Mg^{2+} 为 42.4mg/L, Cl^- 为 372.8mg/L;模拟原油为柳中区块地层脱气原油,油藏温度(95℃)下的黏度为 6mPa·s;石英砂,40～150目;填砂管,直径 50mm、长度 600mm。

流变仪,德国哈克公司提供;注入泵,北京卫星制造厂提供;SD-3 型多联中压滤失仪、填砂管、油水分离及计量装置,华安石油仪器有限公司提供。

1.1.2　实验方法

(1)测试水玻璃复合凝胶成胶量及水玻璃反应率。将水玻璃复合凝胶成胶前体积记为 V_1,体系中所含 SiO_2 质量记为 m_1,成胶后体积 V_2,用 SD-3 型多联中压滤失仪滤出析出水体积 V_3,胶体体积 $V_4 = V_2 - V_3$,在 300℃ 高温烘干至恒重后,质量记为 m_2。成胶量 $= V_4/V_1 \times 100\%$,水玻璃反应率 $= m_2/m_1 \times 100\%$。

(2)填砂管封堵实验。首先将填砂管模型填砂、饱和地层水。然后以一定的流速进行水驱,测定水驱渗透率。其次注入配好的水玻璃凝胶堵剂,在 120℃

烘箱中候凝24h或48h。最后进行水驱,测定突破压 | 力,计算封堵率等参数。岩心实验参数见表1。

表1 不同应力级别下裂缝长度及数量表

岩心直径/cm	岩心长度/cm	注入速度/mL/min	凝胶注入量/PV	后续水驱量/PV	实验温度/℃	成胶养护时间/h
5.0	60	0.5	0.3~1.0	1~15	95	48

1.2 水玻璃复合凝胶配方优选

水玻璃复合凝胶体系为以水玻璃为主的单液法注入体系,由水玻璃、延迟活化剂、高分子网络保水剂和水4部分组成,成胶前为强碱性液态单相、低黏流体;高温养护后,硅酸凝胶析出,随水玻璃浓度增大,硅酸凝胶量增多。

1.2.1 水玻璃与延迟活化剂

延迟活化剂主要作用是延迟活化水玻璃生成硅酸凝胶。水玻璃浓度为5%,延迟活化剂对水玻璃反应率的影响如图1所示。随着延迟活化剂用量增大,水玻璃反应率增大。当延迟活化剂用量达1%后,水玻璃反应率达98%,趋于不变。确定水玻璃与延迟活化剂适宜的质量比为5:1。

1.2.2 网络保水剂

网络保水剂为一种高分子网络结构材料,作用是吸附硅酸凝胶颗粒,防止硅酸凝胶进一步缩合脱水反应形成硬质结构,同时为凝胶保水,保证硅酸凝胶存在形式为胶状物。固定水玻璃与延迟活化剂的比例为5:1,网络保水剂对不同浓度体系成胶量影响如图2所示。水玻璃的用量和网络保水剂共同决定水玻璃复合凝胶的凝胶量。水玻璃浓度低,网络保水剂再大也不能100%成胶,只有水玻璃浓度超过15%,当网络保水剂的用量超过0.2%时,体系成胶后胶量能够达到甚至超过100%,即体系凝胶出现微膨现象,这种现象有利于更有效地封堵油藏孔道。

综上所述,水玻璃、网络保水剂和延迟活化剂最佳质量比为15:0.2:3。现场应用时,可根据储层温度、单层突进程度调整水玻璃浓度。

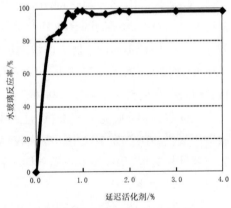

图1 延迟活化剂用量影响水玻璃反应率曲线

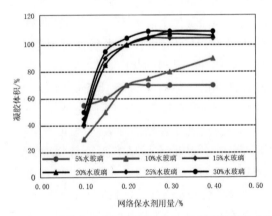

图2 网络保水剂对不同浓度体系成胶量影响曲线

1.3 水玻璃复合凝胶性能评价

1.3.1 成胶时间、强度及热稳定性

将水玻璃、网络保水剂和延迟活化剂按照质量分数为15%、0.2%和3%制备水玻璃复合凝胶堵剂(后续实验均使用此配方),考察体系成胶强度、成胶时间以及热稳定性能。

120℃养护成胶后黏度约3800mPa·s(图3)。在95~120℃油藏温度下养护,成胶时间为9~17.5h

(图4)。凝胶热稳定性以120℃养护10天的数据为基础(即黏度换算成100%),180天后,黏度保留率为93%(图5)。

1.3.2 注入性能

体系在未成胶条件下,采用流变仪测试,显示黏度为15mPa·s。选择初始水测渗透率为30~40mD的3组岩心,随着水玻璃复合凝胶体系注入量达0.3PV时,阻力系数为4~5,注入量超过1PV时,阻力

系数趋于稳定,为5～6。说明体系为低黏流体,注入

性良好,满足现场施工要求。

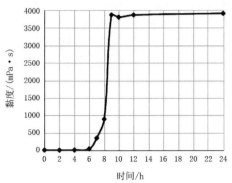

图3　120℃水玻璃复合凝胶黏度变化曲线

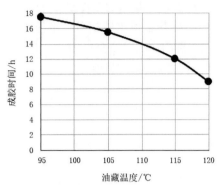

图4　水玻璃浓度变化对体系成胶时间的影响

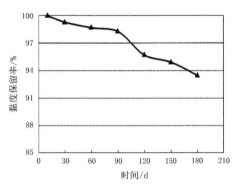

图5　不同浓度水玻璃复合凝胶120℃下的热稳定性

1.3.3　封堵性能

选择渗透率27～850mD的6组岩心,分别注入0.3PV水玻璃复合凝胶堵剂,在95℃候凝48h后进行后续水驱,测量突破压力,计算得到堵后渗透率和封堵率(图6)。结果表明,水玻璃复合凝胶体系适宜对渗透率低于170mD的岩心进行调堵,封堵率大

于93%,较常规的水玻璃——氯化钙堵剂封堵能力有所提高。这是由于反应生成的包裹硅酸凝胶、硅酸盐沉淀的大分子交联网络结构提高了体系的胶体强度。

1.3.4　水驱稳定性

选择初始渗透率为42.55mD的岩心,注入0.3PV水玻璃复合凝胶堵剂,在95℃候凝48h后进行连续水驱15PV,考察水玻璃复合凝胶成胶后的水冲刷稳定性(图7)。岩心封堵率初始达96.9%,随着后续水驱的继续进行,渗透率有所恢复,水驱15PV之后,封堵率仍可达90.05%。分析认为:强碱性的水玻璃与地层砂(SiO_2)表面可以反应形成$Si—O—Si$化学键结构,增强水玻璃凝胶与砂体的整体性,提高耐冲刷性;同时实验测得,体系生成凝胶最大吸水量为自身质量的10～13倍,不易被水稀释损失强度。因此,水玻璃无机凝胶在后续水驱15PV后,封堵率仍可保留在90%以上。

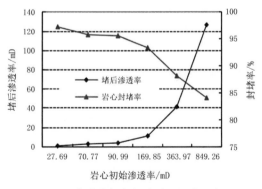

图6　10%水玻璃复合凝胶对不同渗透率
岩心渗透率和封堵率的影响曲线

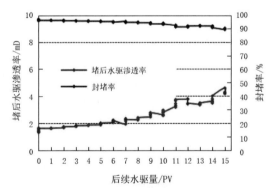

图7　连续水驱对注入复合凝胶的
岩心封堵率的影响曲线

2　现场应用

在冀东油田中低渗透注水开发区块优选6口井开

展现场浅调剖试验,实施情况见表2。实施成功率为100%,单井平均注入水玻璃复合凝胶堵剂366m³,浅调剖后注水启动压力升高,平均单井上升4.32MPa。

与常规交联聚合物体系(0.2%聚丙烯酰胺+0.2%交联剂)相比,压力上升1.25MPa,吸水厚度增加35.9m,吸水层数增加7个,单井主吸水层相对吸水量平均降低26.56%,视吸水指数平均下降3.85m³/(d·MPa),吸水剖面得到改善,注入水波及体积增加,对应油井8口井

见效,累计增油4314t。

浅调剖后,受效油井一般具有明显的降水增油特征曲线(图8),但由于堵剂用量小,封堵半径不超过10m,导致油井高效增油期较短,一般为2~3个月。建议水井浅调剖后,采取后续调驱措施。

表2　水玻璃复合凝胶现场实施效果

井号	吸水厚度/m		吸水层数/个		主吸水层相对吸水量/%		堵剂注入量/m³	注水压力上升值/MPa	视吸水指数/m³/(d·MPa)		受效油井增油量/t
	堵前	堵后	堵前	堵后	堵前	堵后			堵前	堵后	
NP13-X1054	56.0	66.6	3	4	50.8	27	170	5.2	7.18	5.34	1250
NP12-X66	35.6	35.6	3	3	69.4	33.45	570	1.8	10.78	11.76	417
LB1-4	23.8	32.4	5	7	39.4	15	400	5.3	1.53	1.03	852
NP12-X84	10.2	10.2	1	1	100	100	602	6.0	33.33	13.33	643
L15-14	2.5	8.2	1	1	100	51.6	220	4.7	1.23	0.25	358
L17-26	27.0	38.0	2	4	62.2	35.4	236	2.9	3.12	2.35	794

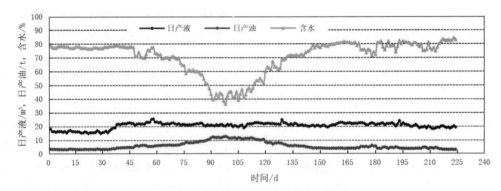

图8　LB1-4井对应油井合采曲线

3　结论

(1)通过水玻璃复合凝胶体系配方优选,获得了水玻璃、网络保水剂和延迟活化剂的最佳质量配比关系:15:0.2:3。水玻璃反应率可达98%以上,凝胶体积不小于100%,凝胶体系具有微膨效果。

(2)水玻璃、网络保水剂和延迟活化剂按照质量分数为15%、0.2%和3%制备的水玻璃复合凝胶堵剂,成胶前黏度15mPa·s,95~120℃成胶时间9~17.5h,在120℃体系成胶后黏度约3800mPa·s,养护180天后,黏度保留率为93%。

(3)体系注入性良好,成胶后封堵率高、有效期长。岩心注入阻力系数5~6,对渗透率170mD以下的油藏封堵率大于93%。水驱15PV之后,封堵率仍大于90%。

(4)水玻璃复合凝胶在冀东油田现场应用效果良好,适宜于冀东油田中低渗透油藏调堵。应用6口井,平均单井注水启动压力上升4.32MPa,吸水剖面得到改善,注入水波及体积增加,对应油井见效,累计增油4314t。

参 考 文 献

[1] 赵彧,张桂意,崔洁,等.无机凝胶调剖剂的研制及应用[J].特种油气藏,2006,13(3):86-88.

[2] 任熵,由庆,王亚飞,等.适合高温高盐油藏的无机调驱剂室内研究[J].河南油田,2006,20(3):63-65.

[3] 赵娟,戴彩丽,汪庐山,等.水玻璃无机堵剂研究[J].油田化学,

2009,26（3）:269-272.

［4］　贺广庆,李长春,吕茂森,等.有机无机复合凝胶颗粒调剖剂的研制及矿场应用[J].油田化学,2006,23（4）:334-336.

［5］　杨钊,李瑞,吴宪龙.耐高温无机非金属胶凝材料堵剂[J].油田化学,2009,26（3）:265-268.

第一作者简介　范鹏（1984—）,男,助理工程师,2007 年毕业于河北工业职业技术学院机械工程及自动化专业;现主要从事采收率工程技术相关调剖调驱、气体吞吐等工作。

（收稿日期:2022-8-15　　本文编辑:谢红）

一种驱油用甜菜碱型表面活性剂的合成及其性能改进

李佳慧

（中国石油冀东油田公司勘探开发研究院，河北　唐山　063004）

摘　要：N,N-二甲基十八胺与3-氯-2-羟基丙磺酸钠经季胺化反应，制得十八烷基二甲基羟丙基磺基甜菜碱表面活性剂，用红外光谱对产物分子结构进行表征。将该表面活性剂与非离子表面活性剂月桂醇聚氧乙烯聚氧丙烯醚进行复配，探讨不同配比对溶解性能、剥油能力及乳化稳定性的影响，并评价该药剂的驱油性能。实验结果表明：合成产物具有烷基羟丙磺基甜菜碱型表面活性剂的结构特征，月桂醇聚氧乙烯聚氧丙烯醚可有效改善十八烷基二甲基羟丙基磺基甜菜碱的低温溶解性，两者物质的量比为 1：2 时，油水界面张力为 2.32×10^{-3} mN/m，洗油效率达 43.3%，油水乳状液 8h 平衡析水率为 85.0%，较单一药剂性能均有所增强。室内微观驱油实验表面活性剂驱提高采收率程度为 15.31%。

关键词：甜菜碱；溶解性能；界面；乳化稳定性；驱油

甜菜碱型表面活性剂作为两性表面活性剂的代表，因具有良好的分散性，不受水硬度和强电解质的影响，可以与阴离子、阳离子及非离子表面活性剂配伍等优点，近年来被广泛应用于油田提高采收率领域[1-2]。表面活性剂驱替原油，主要靠其分子中的亲水基团和疏水基团在油水界面定向分布，将部分被束缚的原油剥离出来，同时发生油水间界面张力降低、乳化聚并等现象，进而提高原油采收率[3]。表面活性剂中的非极性链越长，其亲油性能越强，而在疏水基相同的情况下，Huibers 等通过量子化学半经验方法对表面活性剂分子电荷分布的定量研究表明：甜菜碱型表面活性剂亲水基电荷强度约是硫酸盐表面活性剂的 1/5，是磺酸盐表面活性剂的 1/3，即甜菜碱型表面活性剂的溶解性较差[4]。同时，由于亲水基头的电荷斥力小，通常引入的直链烷基疏水基的空间位阻也较小，导致形成的乳状液稳定性较差[5-6]，而以烷基酚[7]、油酸[8]等为原料，合成空间位阻大的含芳烷基疏水基团分子结构的表面活性剂，又存在合成路径长、工艺复杂、成本高等弊端。为此，本文以 N,N-二甲基十八胺与 3-氯-2-羟基丙磺酸钠季胺化得到结构简单的十八烷基二甲基羟丙基磺基甜菜碱表面活性剂[9-11]，将其与非离子表面活性剂月桂醇聚氧乙烯聚氧丙烯醚复配，探讨不同配比下的溶解性能、剥油能力及乳化稳定性，旨在通过复配改善羟丙磺基甜菜碱型表面活性剂的溶解性和乳化稳定性，增加药剂的剥油能力，并开展室内微观

驱油实验，为该药剂应用于油田现场提高采收率领域提供理论依据。

1　室内实验研究

1.1　实验试剂材料

N,N-二甲基十八胺：≥85%（GC）；

环氧氯丙烷：分析纯；

亚硫酸氢钠：分析纯；

1,2-丙二醇：分析纯；

碳酸钠：分析纯；

月桂醇聚氧乙烯聚氧丙烯醚：纯度 99%；

冀东油田柳赞区块某井模拟地层水：矿化度 2340mg/L，注入水：2788mg/L；

冀东油田柳赞区块某井脱水脱气原油；

冀东油田柳赞区块某井模拟地层砂：80～100 目石英砂与实验用油 1：4 老化 48h 制得；

40mm×40mm 玻璃光刻模型：根据目标层位能够清晰辨别岩石孔隙结构的铸体薄片制作孔隙网络模型图，将其放在涂有感光材料的透明玻璃上进行复刻得到。

1.2　实验仪器

HH-6 数显恒温水浴锅，控温精度 0.1℃；

Nicolet 6700 傅里叶红外光谱仪；

TX 500D 旋转滴界面张力仪，控温精度 0.1℃；

HTE-Ⅱ高温乳化动态评价仪,中国石油大学(北京)提供;

恒温干燥箱,控温精度 0.1℃;

微观驱替实验装置。

1.3　实验方法

1.3.1　十八烷基二甲基羟丙基磺基甜菜碱的合成

(1)3-氯-2-羟基丙磺酸钠的合成:向 3 个烧瓶中加入计量好的水和亚硫酸氢钠,调节 pH 值至 6.0~6.5,控制反应温度 30℃,在 1.5h 内持续向烧瓶内滴加环氧氯丙烷(环氧氯丙烷与亚硫酸氢钠物质的量比为 1.6∶1),滴加完毕后继续反应 4h。冷却后抽滤,重结晶得到产物。

(2)十八烷基二甲基羟丙基磺基甜菜碱的合成:向 3 个烧瓶中加入蒸馏水、3-氯-2-羟基丙磺酸钠,完全溶解,加入 1%1,2-丙二醇乳化剂,控制水浴温度 75℃,逐滴加入 N,N-二甲基十八胺(n3-氯-2-羟基丙磺酸钠∶nN,N-二甲基十八胺=1∶1),维持温度 75~80℃继续反应 4h,滴加 10%Na_2CO_3 调节 pH 值至 8 左右,继续反应 3~4h,过滤提纯得产物。

1.3.2　性能测试

(1)溶解性:称取 10.0 g 样品于烧杯中,加入 90mL 实验用水,冰水浴 10℃搅拌 5min,待泡沫稳定后观察溶解情况。

(2)剥油能力评价:以 1∶2 的质量比在模拟地层砂中加入表面活性剂水溶液,75℃下恒温振荡 2h、静置 5h,观察油滴聚并情况并计算洗油效率;采用 TX 500D 旋转滴界面张力仪测定 75℃下表面活性剂与模拟油间的界面张力。

(3)乳化稳定性:在油水比 1∶1 的乳状液中,加入质量分数 0.3%的表面活性剂,观察并记录其在地层温度下的析水变化情况。

(4)微观驱油实验:饱和地层水,计算微观模型的有效孔隙体积。向微观模型中注入实验用油,在出口无水流出后,采集图片作为饱和油完全图片。水驱,至出口不再出油停止,采集图片作为水驱结束图片。注入表面活性剂溶液,继续水驱至出口不再出油停止,采集图片作为表面活性剂驱结束图片。记录注入速度、产油量、产水量,计算采收率。

2　实验数据与结论

2.1　甜菜碱结构表征

采用 IR 对合成的甜菜碱型表面活性剂进行表征,谱图(图 1)分析如下:3276.80cm⁻¹处为 OH 伸缩振动吸收峰,2907.28cm⁻¹、2843.56cm⁻¹处为甲基、亚甲基的伸缩振动吸收峰,1455.20cm⁻¹处为 δ_{C-H} 吸收峰,1408.53cm⁻¹处为 υ_{C-N} 吸收峰,1221.32cm⁻¹处为磺酸基的特征峰,1052.26cm⁻¹处为 S ═O 伸缩振动峰,676.82cm⁻¹处为 S ═O 伸缩振动峰,740.01cm⁻¹处为长链亚甲基 δ_{C-H} 吸收峰。由此可以推断,合成产物中含带有甲基、亚甲基的长链分子、羟基和磺酸基团,符合目标产物的结构特征。

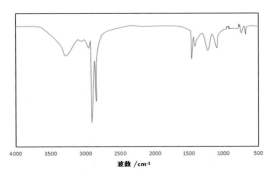

图 1　甜菜碱型表面活性剂红外谱图

2.2　复配对溶解性能的影响

甜菜碱型表面活性剂在水中的溶解性随着碳链的增长而呈现下降趋势,当所含碳原子数超过 12 时,分子在室温及低温下处于水化固体状态,冷水溶性差(图 2)。而非离子表面活性剂月桂醇聚氧乙烯聚氧丙烯醚因具有与水分子亲和力强的作用基团,在低温下具有较好的溶解性。溶液中加入适量的月桂醇聚氧乙烯聚氧丙烯醚,其在水面形成胶束,胶束外层的聚氧乙烯链将十八烷基二甲基羟丙基磺基甜菜碱增溶,形成混合胶束溶解于水中。

2.3　复配对剥油能力的影响

两性离子表面活性剂十八烷基二甲基羟丙基磺基甜菜碱溶于水时,其分子中的亲水基团伸向水中,而憎水基团长链烷基则向水相外逃逸,在两种基团的作用下,表面活性剂分子在水的表面富集,形成以聚集的疏水基为内核、亲水基为外壳的胶团。在溶液中加入非离子表面活性剂月桂醇聚氧乙烯聚氧丙烯醚,能够有效降低甜菜碱型表面活性剂同种离子头之间的排斥力,使其更易于形成更小的胶团,混合液在较低浓度下达到临界胶束浓度,将油水界面张力降到预期水平(表 1)。

随着油水界面张力的降低,附着在砂表面的油滴变形被剥离下来,油滴相互碰撞聚并成油带,继而与更多的油珠聚集在一起向前移动。此外,定向吸附在油滴和砂表面的表面活性剂分子提高了表面的电荷密度,增加了静电斥力,使被剥离的油滴更容易被驱替介质冲刷携带,进而提高洗油效率(图3)。

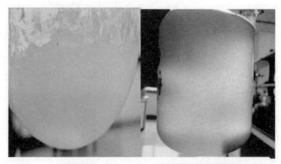

图 2　甜菜碱与非离子表面活性剂不同配比下的溶解情况

表 1　甜菜碱与非离子表面活性剂不同配比下的性能

表面活性剂	使用浓度/%	界面张力/10^{-3}mN/m	洗油效率/%
甜菜碱型表面活性剂	0.3	5.60	38.6
非离子型表面活性剂	0.3	9.58	35.3
n非离子∶n甜菜碱=1∶3	0.2	5.12	41.1
n非离子∶n甜菜碱=1∶2	0.2	2.32	43.3
n非离子∶n甜菜碱=2∶3	0.2	2.30	39.2
n非离子∶n甜菜碱=1∶1	0.2	2.32	41.5

图 3　甜菜碱与非离子表面活性剂不同配比下的剥油能力

2.4 复配对剥油能力的影响

在油水两相的流动剪切力以及表面活性剂的作用下,原油和水乳化形成乳状液,被夹带着驱替出来,因此乳化及乳状液的稳定性是提高采收率的一项关键因素。在超低界面张力下,易于形成油水乳状液,而乳状液的稳定性则由表面活性剂分子中亲水基的电荷斥力及空间位阻决定。将月桂醇聚氧乙烯聚氧丙烯醚与合成的甜菜碱表面活性剂复配,聚

氧乙烯聚氧丙烯嵌段形成的空间位阻可有效防止乳状液快速聚并,提高乳化稳定性(表2)。

2.5 微观驱油实验

在孔喉均匀的玻璃光刻模型中,水驱采收率为38.85%,水驱后实施表面活性剂驱,图中圈内的局部剩余油得到启动,被驱替程度也明显增强(图4),采收率进一步提高至54.16%(表3)。

表2 不同表面活性剂乳化析水率—析水时间数据

组别	析水率/%						
	析水时间10min	析水时间20min	析水时间30min	析水时间60min	析水时间120min	析水时间180min	析水时间480min
合成甜菜碱	1.2	12.5	30.0	40.1	62.5	80.0	102.5
n非离子:n甜菜碱=1:2	0	1.8	2.5	31.2	62.5	68.7	85.0

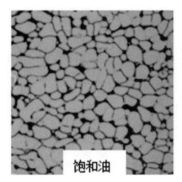 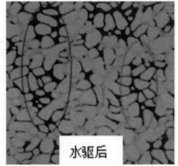 

饱和油   水驱后   表面活性剂驱后

图4 水驱/表面活性剂驱后剩余油分布图

表3 微观驱油实验数据

有效孔隙体积/mL	孔隙度/%	水驱后采收率/%	表面活性剂驱后采收率/%	表面活性剂驱提高采收率/%
0.046	25.52	38.85	54.16	15.31

3 结论

(1)室内合成3-氯-2-羟基丙磺酸钠,采用N,N-二甲基十八胺与3-氯-2-羟基丙磺酸钠进行季胺化反应,红外表征可得到带有甲基、亚甲基的长链分子、羟基和磺酸基团的产物,符合十八烷基二甲基羟丙基磺基甜菜碱的结构特征。

(2)合成的甜菜碱型表面活性剂与非离子表面活性剂月桂醇聚氧乙烯聚氧丙烯醚复配,可对低温溶解性、剥油能力、乳化稳定性起到增效作用,n非离子:n甜菜碱=1:2时,油水界面张力为

$2.32×10^{-3}$mN/m,洗油效率达43.3%,油水乳状液8h平衡析水率为85.0%,较单一药剂性能均有所增强。

(3)室内微观驱油实验表明,该复配型表面活性剂可有效驱替剩余油,提高采收率15.31%。

参 考 文 献

[1] 董燕超,李玲,方云.三次采油用磺基甜菜碱的研究进展[J].石油化工,2013,42(5):577-581.

[2] 李梅霞.国内外三次采油现状及发展趋势[J].当代石油石化,2008,16(12):19-25.

[3] 杨鸿,赵春森,陈根勇.表面活性剂提高采收率机理及研究进展[J].化学工程师,2020,293(2):46-49.

[4] Huibers, Paul D T . Quantum-chemical calculations of the charge

distribution in ionic surfactants[J]. Langmuir, 1999, 15(22): 7546-7550.

[5] 董志浩.聚合物/表面活性剂混合体系对水包油乳液形成和稳定性的影响[D].济南:山东大学,2017.

[6] 刘晓霞,朱友益,徐倩倩,等.驱油用水溶性乳化剂乳化性能的评价[J].应用化工,2016,45(2):223-226.

[7] 刘春德,王彦伟,孙志巍,等.烷基酚或烷基萘酚为原料合成的表面活性剂、其配方体系及其在三次采油中的应用:1730147A[P].2006-02-08.

[8] 刘春德,袁士义,王德民,等.甜菜碱型表面活性剂及其制备方法和应用:102618244A[P].2012-08-01.

[9] 田志茗,邓启刚,孙宏,等.3-氯-2-羟基丙基磺酸钠的合成研究[J].齐齐哈尔大学学报,2014,44(1):19-23.

[10] 于洪江,刘玉,肖志海.芥酸酰胺丙基羟基磺基甜菜碱的合成及性能研究[J].日用化学工业,2008,24(1):1-3.

[11] 倪涛,夏亮亮,刘昭阳,等.不同碳链长度的羟基丙磺基甜菜碱的合成及性能研究[J].油田化学,2017,34(3):24-27.

作者简介 李佳慧(1989—),女,工程师,2010年毕业于兰州理工大学应用化学专业;现主要从事驱油用化学剂研究与评价工作。

(收稿日期:2022-8-10 本文编辑:白文佳)

应用于稠油油藏的钻井液储层保护新技术

陈金霞　吴晓红　宋　巍　阚艳娜

（中国石油冀东油田公司钻采工艺研究院，河北　唐山　063004）

摘　要：我国稠油油藏具有高孔高渗透的地层特性，在勘探开发过程中，由于稠油自身黏度高，极易受到外来流体的侵入影响，导致地层中的油流阻力变大，从而引起严重的储层损害。通过地层模拟，引入稠油自生影响因素，对目前沿用的石油天然气行业标准 SY/T 6540—2002《钻井液完井液损害油层室内评价方法》进行改进，进一步完善稠油油藏的损害机理；同时，通过逐级匹配封堵和稠油降黏研究，形成适合稠油储层保护的逐级匹配单向封堵钻井液技术。该项技术对冀东油田现场应用的常规钻井液体系进行优化改进后，钻井液对储层的侵入深度降低 36.4%，后续返排压力降低 51.6%，储层渗透率恢复值达 90% 以上，表现出良好的储层保护效果。

关键词：储层损害；钻井液侵入；逐级匹配；单向封堵；稠油降黏

中国石油资源中稠油占比大，高效开发稠油是目前石油勘探开发过程中的主要方向[1-2]。稠油油藏具有高孔高渗透、黏土矿物发育、原油胶质沥青质含量高和黏度大的特征，并且钻探开发过程中多以水平井为主[3]。钻井过程中，钻井液极易进入地层，导致固相和聚合物封堵储层大孔隙，液相不配伍稠油乳化增稠等损害，因此稠油油藏钻井过程中极易发生严重的储层伤害[4]。

目前，针对稠油储层伤害的研究多是沿用石油天然气行业标准 SY/T 5358—2010《储层敏感性流动实验评价方法》，但该方法没有对稠油的影响因数进行研究和解释；对此，本项研究以冀东油田某区块稠油油藏为例，在该方法的基础上，引入稠油影响因素，研究现场钻井液体系对稠油储层损害机理，为优化储层保护钻井液体系提供依据，提高钻井液体系的储层保护效果。

1　稠油油藏储层物性特征

研究区块油藏储层主要发育在明化镇组、馆陶组和东营组，储层埋藏浅，成岩性差，胶结疏松，孔隙较发育，孔隙类型以粒间孔为主，成岩自生由高岭石、伊/蒙混层等黏土矿物组成，呈孔隙充填及衬垫式产出。稠油储层平均孔隙度为 26.6%，平均渗透率为 991mD，储层孔喉半径平均值为 2.26 ～ 33.47μm，最大孔喉半径 10.52 ～ 149.19μm，平均为 86.1μm，属于典型的高孔高渗透储层。其中，油藏原

油黏度为 300 ～ 11000mPa·s，平均黏度为 1872 mPa·s，属于常规稠油储层。

2　稠油油藏损害机理研究

2.1　固相侵入损害

对于高孔高渗透油藏，由于孔喉、孔道尺寸较大，通常外来固相颗粒侵入储层，以及储层孔隙空间的微粒运移引起渗流通道堵塞是造成油藏损害的主要原因[5-6]。根据目标区块稠油储层平均孔喉半径 13.3μm，室内选择孔径为 10μm 介质进行滤失实验，实验使用冀东油田现场钻井液体系配方：2%预水化土浆+0.3%NaOH+0.5%高分子包被剂+1%降滤失剂+1%抗高温降滤失剂+3%防塌封堵剂+5%液体润滑剂+碳酸钙加重 1.15g/cm³，实验数据如表1、图1所示。

图1　钻井液滤液形态

表1 钻井液滤液分析

编号	流体类型	浊度/FTU
1	钻井液滤液	1737
2	钻井液滤液：地层水＝5：5	1553
3	地层水	5

从以上实验数据来看,冀东油田现场钻井液体系通过10μm介质后,滤液浊度很高,与地层水稀释后,浊度变化较小,说明针对10μm的过滤介质,还是有大量的固相和聚合物通过,这同时也说明现有钻井液体系滤液和细小固相对大部分地层孔隙都可以很容易侵入,造成储层损害。

为了进一步研究固相损害机理,室内通过不同类型固相颗粒对现场岩心污染渗透率恢复值的影响情况来对储层损害进行研究。根据现场钻井液体系

中普遍存在的固相成分,结合岩心平均孔喉半径2.26～33.47μm,室内实验选择了相似粒径分布的固相材料进行了相关实验,粒径分布情况见表2。

实验参照石油天然气行业标准SY/T 6540—2021《钻井液完井液损害油层室内评价方法》中钻井液损害油层动态模拟评价部分执行,其中污染流体为3%固相材料悬浮溶液,污染条件为 3.5MPa、75℃,渗透率恢复值测试结果如表3、图2所示。

表2 固相材料粒径筛选

名称	膨润土浆	磺化沥青	碳酸钙	重晶石
粒径/μm	18.96	15.68	19.82	22.09

表3 不同固相污染岩心渗透率恢复值

污染流体	渗透率 K_0/mD	渗透率 K_1/mD	渗透率恢复值/%	渗透率损害/%
3%膨润土浆	527	223	42.3	57.7
3%磺化沥青	617	301	48.8	51.2
3%重晶石	553	481	87.0	13.0
3%碳酸钙	536	478	89.2	10.8

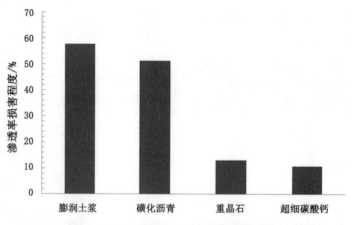

图2 不同固相污染物对地层渗透率损害

从以上实验数据可以看出,膨润土浆对岩心的渗透率恢复损害最大,其次为磺化沥青,其损害可以达到50%～60%及以上;重晶石及碳酸钙等加重材料对岩心的渗透率恢复损害相对较小。对于加重材料这类刚性颗粒,由于水化作用较弱,返排过程中,

刚性颗粒吸附在岩心壁上的力较小,在返排压差的作用下,刚性架桥粒子很容易从架桥处脱落,并随液相返排出来,所以这类粒子对储层损害不大;而对于黏土和磺化沥青这类颗粒,其水化作用强,水化分散,吸附滞留,是造成储层损害的主要因素。

2.2　聚合物侵入损害

在正压差作用下,钻井液侵入储层是必然的,钻井液体系中的聚合物分子在稠油储层孔隙喉道发生吸附,在狭窄的孔道被捕集,均会导致储层渗流通道变小,渗透率降低,在不同程度上对储层造成损害。大多数聚合物是通过堵塞孔喉和提高剩余水饱和度而损害储层的,其损害程度与聚合物的结构、相对分子质量及吸附量等有关[7-8]。侵入储层的聚合物的分子链刚性越强、相对分子质量越大和吸附量越大,对储层渗透率的损害越严重。

为了进一步研究聚合物损害机理,室内通过不同类型聚合物对岩心污染渗透率恢复值的影响情况来对储层损害进行研究。根据钻井液体系中聚合物加量配比情况,进行了损害油层动态模拟评价实验,具体实验情况如表 4、图 3 所示。

表 4　不同聚合物污染岩心渗透率恢复值

污染流体	渗透率 K_0/mD	渗透率 K_1/mD	渗透率恢复值/%	渗透率损害/%
0.5%KPAM	518	291	56.2	43.8
1%CMC	421	272	64.6	35.4
0.5%XC	552	338	61.2	38.8
1%PAC	526	285	54.2	45.8
2%CMS	377	218	57.8	42.2

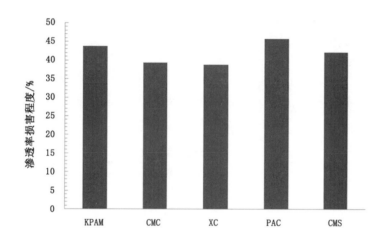

图 3　不同聚合物材料对地层渗透率损害

从以上实验数据可以看出,聚合物对目标区块的储层损害可以达 40% 以上,仅次于黏土;针对高孔高渗透储层,不同聚合物材料损害率差别不大,其损害程度与聚合物的结构及相对分子质量关联程度较小。钻井过程中的储层保护只有通过加强封堵,减少钻井液侵入,来降低聚合物对储层的损害。

2.3　稠油乳化损害

钻井液中的表面活性剂等物质会改变地层中油水相界面的性质,导致原油与外来水混合形成油包水或水包油的稳定结构,直接造成乳化堵塞[9],且其黏度高的特性大幅增加了油气的流动阻力。实验使用冀东油田现场钻井液体系配方:2% 预水化土浆 +0.3%NaOH+0.5% 高分子包被剂 +1% 降滤失剂 +1% 抗高温降滤失剂 +3% 防塌封堵剂 +5% 液体润滑剂 + 碳酸钙加重 1.15g/cm³。

2.3.1　钻井液滤液与稠油配伍性研究

将目标区块地层稠油与钻井液滤液以不同比例进行混合,根据储层温度选择在 70℃ 恒温水浴锅中恒温、搅匀后,采用布氏 RV-Ⅱ 黏度计测定该温度下混合液的表观黏度,实验结果如图 4 所示。

从以上实验数据来看,钻井液滤液与稠油混合后增黏现象明显。稠油中混入钻井液滤液后,形成油包水型乳化体系,增加内相体积,稠油体系黏度增加,所以随着滤液含量的增加,乳状液黏度逐渐变大。当稠油与钻井液滤液配比达到 50/50 条件时,开始出现分层现象,上层油样混合液黏度达到最高。

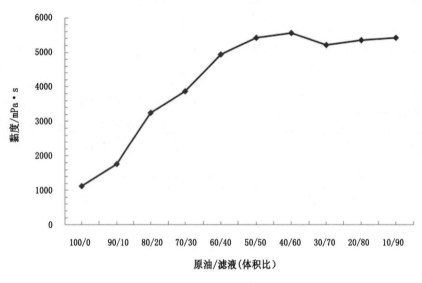

图 4　钻井液滤液对稠油影响

2.3.2　钻井液滤液与稠油形成溶液稳定性研究

将目标区块稠油与钻井液滤液以不同比例进行混合,根据储层温度选择在 70℃ 恒温水浴锅中恒温、搅匀后,静置不同时间后观察其析水量,研究钻井液滤液与稠油混合后的稳定性,实验结果见表 5。

从以上实验数据来看,钻井液滤液与原油混合后形成的乳液,体积比不大于 30/70 时,形成较为稳定的油水乳状液,容易对储层造成堵塞,伤害储层。钻井作业过程中,钻井液滤液进入地层的量与地层原油量比较是远远小于 30/70 的,说明钻井液滤液进入储层形成油包水乳液是必然的,通过降低滤液侵入,降低滤液对稠油黏度的影响是提高稠油储层保护的有效手段。

表 5　乳液稳定性研究

原油/滤液混合体积比	油水混合液放置不同时间后的析水量/mL				
	1h	3h	5h	8h	24h
100/0	0	0	0	0	0
90/10	0	0	0	0	0
80/20	0	0	0	0	0
70/30	0	0	0	0	0
60/40	0.2	0.2	0.5	0.7	1.0
50/50	0.3	0.5	0.5	1.0	1.8

2.3.3　稠油乳化损害实验评价

针对目前石油天然气行业标准 SY/T 6540—2021《钻井液完井液损害油层室内评价方法》,在实验评价过程中,由于实验条件有限,实验使用的驱替液相只能选择性质单一、流体黏度较低的液相。由于实验初始洗油过程中,针对岩心驱替实验完全去除了稠油影响的因素,并不能完全表征地层稠油油藏损害情况。对此,室内对实验评价方法进行了改进,引入稠油饱和地层岩心,模拟油水相共存条件,进行高温养护,研究稠油乳化损害。具体实验方案如下所示:

(1)在常温下,正向用气测定原始渗透率;

(2)将岩心干燥,抽空饱和地层水;

(3)初始渗透率测试:正向测定岩心的煤油渗透率,记录测试过程中压力与时间变化关系;

(4)稠油饱和:在动态污染仪上,在 3.5MPa、75℃ 下,正向挤入柳 16 区块稠油 2PV,70℃ 条件下养护 24h;

(5)钻井液伤害:取出岩心,在 3.5MPa、75℃ 下,反向挤入钻井液 0.5PV,70℃ 条件下养护 24h;

（6）取出岩心，正向测定岩心的煤油渗透率，记录测试过程中压力与时间变化关系，实验结果如表 6、图 5 所示。

从以上实验数据来看，实验过程中注入稠油后，返排驱替压力上升幅度很大，渗透率降低幅度大（从 290.56mD 降低到 99.99mD），并且达到稳定压力所需时间很长，说明稠油与钻井液滤液作用对后续储层开采影响较大；对此，钻井液体系需要考虑滤液对稠油乳化增稠的影响，来提高后续作业开发渗透率恢复效率。

表 6　稠油注入渗透率变化

气测渗透率/mD	稠油注入影响	返排压力/MPa	油相渗透率/mD
785.54	注入稠油前	0.1	290.56
	注入稠油后	0.605	99.99

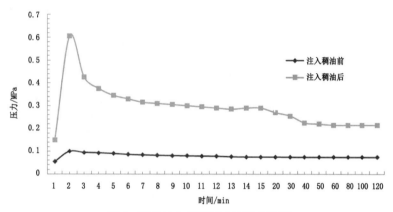

图 5　稠油注入驱替压力变化示意图

3　稠油储层钻井液储层保护技术研究

保护稠油储层是提高稠油产量和采收率的关键。根据目标区块高孔高渗透稠油储层损害机理，通过逐级匹配单向封堵技术并结合稠油降黏技术，优化现场钻井液体系配方，形成适用于目标稠油储层保护的钻井液体系。

3.1　逐级匹配单向封堵技术研究

逐级匹配单向封堵技术借鉴了固井水泥浆材料所用的成熟理论——"紧密堆积理论"和数学"逐级拟合"。该技术从储层孔喉大小出发，从力学的角度分析填充粒子，通过逐级分析填充粒子粒径分布范围大小，实现填充粒子对孔隙实现完全填充[10-11]；同时，研究粒子为刚性颗粒，在压差条件下可以进入或者排出地层孔隙，达到单向封堵作用效果。

根据目标区块稠油储层地层最大平均孔喉半径 86.1μm，室内对钻井液体系的粒径分布进行了逐级匹配分析，通过"逐级拟合填充"软件进行模拟拟合匹配计算，具体情况如图 6 所示。

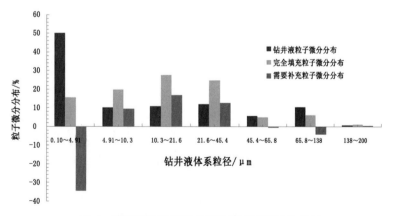

图 6　钻井液体系粒径分布及填充粒子微分分布

从目标区块高孔高渗透储层孔隙喉道半径模拟来看,现有钻井液体系粒径偏小,容易进入储层对大孔隙造成封堵。所以,需要对钻井液体系补充一定量的小粒径粒子,来封堵储层。从填充粒子粒径分布来看,填充粒子主要分布区域在5~45μm。

根据填充粒子的需求,按照粒径大小和粒径范围,研究了JRYB-C、JRYB-M和JRYB-F等三种不同粒径分布范围的刚性封堵材料,作为钻井液体系

的封堵材料;根据填充微粒分布要求,室内通过"逐级拟合填充"软件进行了设计,根据三种不同封堵剂的配比微分累计含量,形成适合于目标储层的单向封堵剂JRYB,粒径累计分布如图7所示。

常规降黏剂包括乳化降黏剂、油溶性降黏剂和水溶性降黏剂等,从降黏剂作用机理来看,稠油降黏剂多用于开采和运输过程中[12],并没有适合钻井液应用的稠油降黏剂。

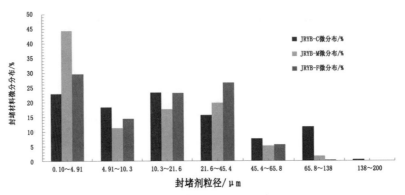

图7　封堵剂粒径匹配研究

根据钻井液作业特点,钻井液用稠油降黏剂,需要满足不起泡,易分散于水相的特点,对此室内进行了分散型降黏剂研究。分散性降黏技术是在降凝剂技术基础之上逐渐发展起来的一种新技术,其作用对象为稠油中的沥青及胶质物质。降黏剂分子形成很强的氢键,渗透并扩散到树脂和沥青质片状分子原油之间,能够拆除聚集体,这些聚集体是由平面重叠堆砌而成的,使原来规则的聚集体转变成片状分子无规则堆砌。松散的结构性能、较低的有序度、较低的空间延伸度,使稠油的黏度得到降低,从而很好地达到降黏功效。

3.2　降黏性能评价

室内通过降黏率和起泡率对降黏剂进行系统

评价。

(1)降黏率评价。在钻井液中加入1.0%降黏剂,压制滤液,将油田原油与滤液以70/30比例进行混合;在50℃恒温水浴锅中恒温搅匀后,采用布氏RV-Ⅱ黏度计测定该温度下混合液的表观黏度,通过计算处理剂加入前、后的黏度降低率来表征处理剂的作用效果。

(2)起泡率评价。配制400mL完井液,在完井液中加入1.0%降黏剂,高速搅拌20min,在(25±3)℃下密闭养护1h后,高速搅拌5min,从高速搅拌器上取下来即开始计时,10s内倒入洁净的量筒,20s时读取总体积,通过计算处理剂加入前、后的体积变化率来表征处理剂的作用效果。实验结果如图8所示。

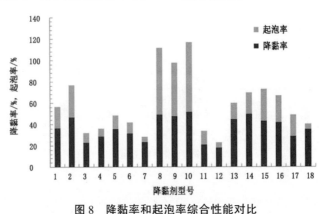

图8　降黏率和起泡率综合性能对比

充分考虑降黏率和起泡率综合性能评价情况，研制的降黏剂 JNJ 降黏效果达 35%以上，具有较好的降黏效果，同时起泡性能不强，不会影响钻井过程中钻井液的工程性能。

3.3　降压助排性能评价

针对稠油污染后的岩心，通过研究岩心的返排压力变化，对降黏剂的作用效果进行评价，实验结果如表 7、图 9 所示。

表 7　降黏剂对渗透率变化影响

渗透率 K_0/mD	污染体系	返排压力/MPa	返排后渗透率 K_1/mD
105.09	基浆	0.095	70.06
111.38	基浆+1.0%降黏剂 JNJ	0.046	85.68

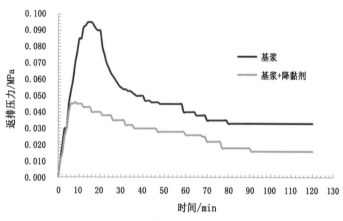

图 9　降黏剂对返排压力影响

从以上实验数据来看，加入降黏剂后体系返排压力下降明显，从 0.095MPa 降低到 0.046MPa，降低率为 51.6%；渗透率恢复值从 70.06%上升到 85.68%，储层渗透率恢复值提高 15 个百分点。说明研究的稠油降黏剂有助于降低储层返排压力，达到保护储层的目的。

4　储层保护性能评价

针对储层保护性能评价，本文通过地层模拟测试技术，包括高温高压砂床模拟测试和长岩心模拟测试，研究钻井液体系对地层的侵入，同时结合现场天然岩心的渗透率恢复情况，评价优化后的钻井液储层保护效果。实验使用逐级匹配单向封堵钻井液体系配方：2%预水化土浆+0.3%NaOH+0.5%高分子包被剂+1%降滤失剂+1%抗高温降滤失剂+5%单向封堵剂 JRYB+1%稠油降黏剂 JNJ+5%液体润滑剂+碳酸钙加重 1.15g/cm³。

4.1　固相侵入深度评价

室内通过高温高压可视化封堵测试仪，评价了钻井液体系对储层的侵入深度，根据地层实际情况进行砂床模拟，模型侧面设计有透明模型管，通过观察砂层表面钻井液封堵的情况，直观透视钻井液对储层的伤害和侵入情况，实验结果如图 10 所示。

图 10　钻井液固相及聚合物侵入储层模拟实验

图10从左到右分别表示钻井液未侵入砂床、现场钻井液侵入砂床和优化后逐级匹配单向封堵钻井液侵入砂床。其中,现场钻井液对高渗透储层模拟砂床全部侵入,侵入深度大于20cm;优化后钻井液对高渗透储层模拟砂床侵入深度为4.2cm,级配更合理,说明通过逐级匹配单向封堵后,钻井液滤饼变致密,封堵效果更好,可以大幅降低钻井液对储层的侵入,保护储层。

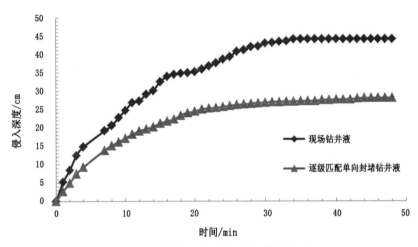

图11　钻井液液相侵入储层模拟实验

匹配封堵钻井液侵入深度较现场钻井液降低36.4%;说明体系加入不同粒径的封堵材料优化后,级配更合理,滤饼变致密,封堵效果更好;钻井液液相对储层侵入深度降低,储层保护效果更好。

4.3　渗透率恢复评价

室内选择研究区块渗透率为1500~2000mD的

4.2　液相侵入深度评价

室内通过储层侵入模拟可视化测试仪,评价了钻井液滤液对储层的侵入深度,实验根据地层实际情况进行砂床模拟,使用50cm长模拟岩心,来分析测试钻井液高温高压下液相侵入储层特征,实验结果如图11所示。

从图11侵入深度对比情况来看,优化后的逐级

天然岩心,参照石油天然气行业标准SY/T 6540—2021《钻井液完井液损害油层室内评价方法》,对钻井液体系储层保护效果进行了对比评价(表8)。

从实验数据来看,经过逐级匹配单向封堵技术优化后的钻井液体系渗透率恢复值达92.1%,明显优于现有钻井液储层保护效果,更加适合目标稠油储层的开发保护。

表8　渗透率恢复性能评价

煤油测渗透率 K_0/mD	反向污染钻井液	污染后返排煤油渗透率 K_1/mD	渗透率恢复值 K_1/K_0/%
98.76	现场钻井液	69.72	70.6
107.01	逐级匹配单向封堵钻井液	98.56	92.1

5　结论

(1)稠油油藏的储层损害分为侵入损害和乳化损害两大类。其中,侵入损害表现为钻井液中的黏土类、可变性颗粒和高分子聚合物材料水化分散,吸附滞留,造成储层伤害。乳化损害表现为稠油与钻井液滤液混合后增稠严重,通过降低渗流效率,造成乳化堵塞,损害储层。

(2)根据稠油储层损害机理研究结论,针对侵入损害,通过"逐级匹配"结合"单向封堵"技术,优化

封堵颗粒粒径级配,强化钻井液对高孔高渗透储层的封堵能力,提高钻井液储层保护能力。针对乳化损害,通过降黏减阻技术,降低滤液与储层稠油作用的增黏阻力,提高渗流效率,保护储层。

(3)根据目标储层实际地层情况,通过逐级匹配单向封堵技术对冀东油田现场应用钻井液体系进行优化后,对目标储层的侵入深度明显降低,并且渗透率恢复值达92.1%,明显优于现有钻井液储层保护效果,更加适合目标稠油储层的开发保护。

参 考 文 献

[1] 毕向明.稠油开采技术现状及展望[J].石化技术,2017(3):225.

[2] 于连东.世界稠油资源的分布及其开采技术的现状与展望[J].特种油气藏,2001,8(2):98-103.

[3] 岳前升,刘书杰,向兴金.适于疏松砂岩稠油油藏储集层保护的水平井钻井液[J].石油勘探与开发,2010,37(2):232-236.

[4] 宋涛,张浩,魏武.稠油油藏钻井液储层保护技术[J].钻采工艺,2010,33(3):99-100.

[5] 王富华,王瑞和,于雷,等.固相颗粒损害储层机理研究[J].断块油气田,2010,17(1):105-108.

[6] 冯卫芳.储层损害及治理技术浅析[J].内江科技,2019,40(5):27-28.

[7] 赵凤兰,鄢捷年.国外保护油气层技术新进展——关于油气层损害机理的研究[J].钻井液与完井液,2003,20(2):42-47.

[8] 赵峰,唐洪明,孟英峰,等.保护高孔高渗储层的钻井完井液体系[J].钻井液与完井液,2008,25(1):9-11.

[9] 江安,高波,苏延辉,等.稠油完井液体系研究——BOLA活性酸完井液[J].化工管理,2015(8):72.

[10] 黄腾.稠油水平井逐级深部化学堵水技术研究与应用[J].中国化工贸易,2019,11(34):128.

[11] 许杰,何瑞兵,刘小刚,等.渤中沙河街水平井安全钻井及储层保护[J].石油钻采工艺,2016,38(5):568-572.

[12] 孟科全,唐晓东,邹雯炆,等.稠油降黏技术研究进展[J].天然气与石油,2009,27(3):30-34.

第一作者简介　陈金霞(1983—),女,高级工程师,2008 年 7 月毕业于中国地质大学(武汉),获油气田开发专业硕士学位;现在从事钻井液研究工作。

(收稿日期:2022-8-18　　本文编辑:郝艳军)

大型油罐油气空间隐患治理——以冀东油田外浮顶储油罐为例

王珊珊[1]　高　城[2]　高胜民[3]

（1.中国石油冀东油田公司勘察设计与信息化研究院,河北　唐山　063000;

2.中国石油冀东油田公司油气集输公司,河北　唐山　063000;

3.沃德林科环保设备有限公司,北京　100000）

摘　要: 冀东油田型外浮顶储油罐运行时间长,基础下沉使多数罐体出现较大的变形,储罐变形造成浮盘边缘密封结构无法补偿,导致边缘密封油气空间内油气浓度超出规定值,若遇雷击天气,密封腔存在起火风险,严重威胁大型浮顶储罐运行安全。通过计算设计了全新的密封结构,采用弹性、耐磨性、耐蚀性等指标更优的密封材料,以解决密封不严导致燃气浓度超标的问题。该工艺在冀东油田内首次应用,现场应用结果表明,该结构能够在罐体变形较大时依然能起到较好的密封效果,有效降低密封腔内可燃气体浓度,保障了原油储罐的安全运行。

关键词: 浮顶储罐;浮盘;密封;补偿;全接触;可燃气体

外浮顶储油罐通常用于储存稳定后的原油,此类型储罐通过外浮顶与储罐间良好密封,减少原油损耗[1]。冀东油田 6 座 $5×10^4m^3$ 原油储罐均采用外浮顶式设计,密封结构主要采用一次密封与二次密封相结合的方式,现有的一次密封为囊式密封,密封可以补偿的范围为 ±100mm。由于建造地点均在沿海地区,且投用年限达 10 年以上,基础下沉不均进而造成罐体变形,尤其储罐上部变形更加严重,超过了现有密封的补偿范围,造成一次密封与二次密封之间的油气空间内聚集可燃气体。近年来,外浮顶储罐油气空间油气浓度超标的现象常见,若储罐运行时出现雷击天气,或者存在静电、火花等情况,同时该空间区域的可燃气体浓度达到爆炸限值时,容易引发油气爆炸,严重威胁着生产安全。全接触密封结构弥补了这一缺点,其补偿范围大,能够适应较大的罐体变形,有效地减少了由于密封不严而产生的油气损耗,降低了油气空间内的可燃气体浓度,提高了储罐安全运行质量[2]。

1　密封选型

冀东油田外浮顶储油罐密封腔一直采用的是一次密封和二次密封装置同时进行防护,一次密封均

采用囊式密封,其作用是覆盖住原油表面,抑制油气挥发。二次密封是在一次密封的基础上,再加上一道密封,即二次密封。二次密封作用是封住一次密封挥发出的油气并做到防雨防尘。此结构形式就使得二次密封与一次密封之间形成了一道密封腔,易聚集油气形成气空间(图1)。

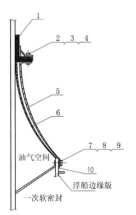

油气空间

浮船边缘版

一次软密封

图1　浮顶罐采用的二次密封结构[3]

1—密封刮板;2—螺栓(一);3—螺母(一);4—垫圈(一);
5—压板;6—油气隔膜;7—螺栓(二);8—螺母(二);
9—垫圈(二);10—槽形压板

储油罐日常运行要求定期检测浮顶罐油气空间可燃气体情况,并依据"可燃气体测量范围在 0～100%爆炸下限,且一级报警设定值小于或等于25%

爆炸下限(LEL)"的规定来判定储罐运行情况。近年来,冀东油田各个站内多数外浮顶储油罐油气空间内可燃气体浓度超出规定值,外浮顶油气超标的原因总结如下:

(1)储罐一次密封损坏,无法完好覆盖液面,密封效果已经消失,无法起到密封效果,造成油气浓度超标;

(2)一次密封弹性有限,储罐罐体变形后,密封无法完全贴合罐壁,致使液面覆盖不完全,造成油气浓度超标;

(3)刮蜡器失效,造成挂壁严重,存在大量的挂壁挥发,造成油气浓度超标。

检测冀东油田在役储罐密封结构使用情况,以及罐壁的变形情况,一部分密封橡胶老化、破损导致密封失效;另一部分罐壁直径最大变形已经达150mm以上,超过了囊式密封100mm的密封补偿范围,造成密封无法补偿,导致油气浓度超标。

因此,需要改进密封材料以及密封结构,使用耐磨性高、耐蚀性强,以及密封性好的材料代替囊式密封的橡胶材质,进一步优化结构,加强密封效果和提高补偿量,采用全接触式一次密封(图2)。通过自身结构与罐壁紧密贴合,同时密封补偿量正向增大至200mm以上能够有效地应对罐壁变形,使油气无法外溢,这样将有效地解决油气空间内可燃气体浓度超标的问题。

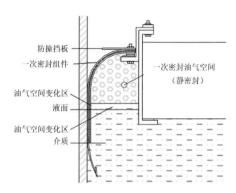

图 2　全接触式一次密封结构示意图

2　材料性能

全接触式密封在形式上属于浸液式密封,其中主要结构为全接触式一次密封、全补偿伞状二次密封。全接触式一次密封中核心结构为金属弹片,储罐浮顶运行过程中,金属弹片会频繁发生弯曲,并一直保持与罐壁摩擦,因此需要弹片具有高强度和良好的耐磨性,以及耐腐蚀性和导电性等。

2.1　金属弹片材料化学成分

一次密封材料采用硬化处理后的不锈钢材质,Cr 元素的加入可显著提高弹片强度、耐磨性和抗腐蚀性能[3],Ni 元素能够明显改善不锈钢的强度、韧性、耐磨性等综合机械性能[4]。金属弹片化学成分检测报告见表1。

表 1　金属弹片化学成分检测报告

元素	C	Si	Mn	P	Cr	Ni	Mo	Cu	N
含量/%	0.1096	0.6200	0.9150	0.0293	17.1090	6.7150	0.1020	0.2180	0.0490

2.2　金属弹片力学性能

金属弹片设计中回弹计算是极其重要的,它关系到金属弹片的产品质量和使用寿命[5]。因此,对金属弹片进行金属回弹力学性能最低要求计算。

金属弹片当期发生弹性变形时,切应力为:

$$\sigma = \pm E \frac{\dfrac{t}{2}}{r + \dfrac{t}{2}} \qquad (1)$$

式中　σ——切应力,MPa;

E——弹性模量,200000MPa;

r——弯曲半径,在本次计算中即为最小间隙

距离 75mm;

t——钢板厚度,0.5mm。

计算可得所需金属回弹最低应力为 664MPa,据此优选金属弹片,实际测试所选弹片抗拉强度约为1350MPa,屈服强度约为 1200MPa,高于计算所需最低回弹应力。因此可以确定金属弹片挤压变形后能够完全恢复,能够达到设计的补偿效果,见表2。

表 2　金属弹片力学性能指标检测表

指标	测量值	测试结果
抗拉强度/MPa	1274~1415	合格
伸长率/%	13	合格
屈服强度/MPa	1215~1241	合格

2.3 金属弹片导电性能

对金属弹片进行导电性能测试,测试结果见表3。

表3 金属弹片导电性能检测表

名称	材料	体电阻率/$10^{-7}\Omega \cdot m$
金属弹片	不锈钢	7.2

导电性能满足 GB 12158—2006《防止静电事故通用导则》导静电安全规范要求,具有良好的导电性能。

3 参数设计

全接触式一次密封中主要结构为金属弹片、填隙板和橡胶密封膜(PTFE)拼装组成(图3),其结构可保证在部件自身弹力、静密封空间内的气体压力、介质液体压力的多重作用下,始终能够紧贴储罐罐壁。其中,密封补偿范围及密封效果的影响因素为金属弹片宽度、金属弹片安装高度、密封膜宽度及金属弹片的高度等。

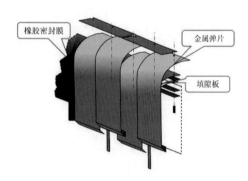

图3 全接触式一次密封结构

3.1 金属弹片宽度设计

每个弹片与储罐接触为一条直线,与罐壁在所有操作状态下都必须始终保持接触,趋近于零缝隙,当弹片过宽时,弹片的中部与储罐罐壁之间会产生间隙,为保证密封的覆盖率大于99%,密封弹片与罐壁的间隙不大于1.5mm,单块弹片宽度为 N:

$$N = [R_d^2 - (R_d - \Delta)^2]^{1/2} \qquad (2)$$

式中 R_d——罐体设计半径,设计值为30000mm;

Δ——密封弹片与罐壁的间隙,1.5mm。

计算得单块弹片最大宽度 $N = 600$mm。

即单块弹片的宽度不应大于 N,同时考虑实际制造与安装误差,则单块弹片宽度不宜大于300mm。

此外运行过程中为适应罐壁局部涂漆、凹陷和焊缝处,则板与板之间搭接宽度不小于50mm。

3.2 金属弹片安装高度设计

金属弹片的安装高度也是密封的补偿范围的影响因素,安装高度过高可能会造成密封的浸液深度不足,从而产生泄漏;密封安装的位置过低,则会造成最大间隙时一部分液面无法覆盖,从而产生泄漏。计算准确的安装位置,需要对浮盘的浸液深度 H_1 及密封安装位置距离液面的高度 H_2 进行计算,得到准确的安装位置 H(密封安装距离浮盘底部位置,图4)。

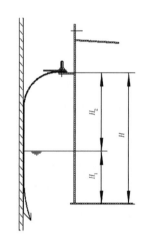

图4 金属弹片浸液深度示意图

浮盘的浸液深度 H_1:

$$H_1 = 1000M / (\rho \pi D_f^2 / 4) \qquad (3)$$

式中 M——浮盘的总体质量,271684000g;

ρ——原油的密度,0.85g/cm³;

D_f——浮盘的直径,59500mm。

计算可得浮盘的浸液深度 $H_1 = 115$mm。

密封安装位置距离液面的高度 H_2 应保证在最大间隙时的密封与罐壁的接触点在液面以上,由图4可知,密封在浮盘环形间隙内最大时为1/4圆周,H_2 应大于最大的环形间隙。因此,保证密封在罐壁接触点液面以上。

密封安装位置距离液面的高度 H_2,则:

$$H_2 = 2\theta + n_1 \qquad (4)$$

式中 θ——浮盘最大环形间隙,150mm;

n_1——安全附加长度,50mm。

计算可得密封安装位置距离液面的高度 $H_2 = 350$mm。

金属弹片安装位置 H 为：

$$H=H_1+H_2 \quad (5)$$

计算可得金属弹片安装高度 $H=465mm$。

3.3　橡胶密封膜宽度设计

橡胶密封膜的最小宽度为 W，浮船出现最大环形间隙时须保证此时橡胶密封膜的宽度插入液面下深度不小于100mm。密封的补偿范围为 $\pm150mm$，同时考虑浮船变形及运行各处液位浸液深度不一致，加长50mm，因此橡胶密封膜的最小宽度 W 为：

$$W=\pi\theta+n_2+100 \quad (6)$$

式中　θ——浮盘最大环形间隙，150mm；

n_2——安全附加长度，50mm。

计算可得橡胶密封膜的最小宽度 $W=621mm$。

3.4　金属弹片高度设计

由橡胶密封膜宽度可以确定金属弹片的整体长度，每片金属弹片的长度应大于橡胶密封膜宽度，以橡胶密封膜不超过金属板下部弯曲点为宜。因此，金属弹片高度大于621mm，考虑安装误差，金属弹片实际高度为大于或等于650mm。

4　效果与评价

本文对冀东油田6座外浮顶储油罐进行了罐体变形量现场测量，罐体最大变形量达150mm，分析变形原因认为，现有密封装置最大补偿量无法满足罐体需求，充分参考相关行业标准，制定采用全接触式密封替代原有密封结构的方案，开展核心密封部件应力分析计算及选型，完成冀东油田6座 $5\times10^4 m^3$ 外浮顶储油罐油气空间可燃气体浓度超标隐患治理。

自2020年采用新型全接触式密封结构以来，每月定期进行检测，至今6座储罐检测密封腔内可燃气体浓度检测结果均为0，确保了原油储罐本质安全，达到隐患治理要求。由此可见，新型全接触式密封都有传统密封不具备的优势，凭借自身材料的高弹性及结构的双向补偿特点，能够实现"零缝隙"密封效果，计算验证与现场运行均能证明全接触式密封在储油罐上有着广阔的应用前景。

参 考 文 献

[1] 马文婷.大型外浮顶储罐密封结构对比和安全性探讨[J].化工装备技术,2014,35(2):31-33.

[2] 郎需庆,高鑫,宫宏,等.降低大型浮顶储罐密封圈内油气浓度的研究[J].石油天然气学报,2008(2):618-619.

[3] 陈弛文,何友成.铬元素对合金钢的影响与作用[J].南方农机,2016,47(1):67,69.

[4] 曹萍,蔡志刚.添加铬、铝、钛、镍合金元素对Fe-17Mn阻尼合金性能的影响[J].机械工程材料,2020,44(3):8-12.

[5] 马扶南.弯曲回弹计算公式适用条件的讨论[J].风机技术,1997(2):31-32.

第一作者简介　王珊珊(1985—),女,工程师,2012年毕业于燕山大学化工过程机械专业;现从事机械设计工作。

(收稿日期:2022-9-16　　本文编辑:谢红)

油田站场地热利用研究

温志旺　姚育林

(中国石油冀东油田公司勘察设计与信息化研究院,河北　唐山　063004)

摘　要: 国家提出在 2030 年实现"碳达峰"、中国石油提出在 2025 年实现"碳达峰",各油田公司都在为实现碳减排而努力。地热能作为一种清洁能源,可以助力公司实现"碳达峰",地热资源在冀东油田储量丰富,2018 年已建成河北唐山曹妃甸新城地热供暖,并取得良好的效果,但工业供热还未开始涉及。通过论述地热供热形式和工业利用的可行性,以冀东油田老爷庙联合站地热利用为实例,依据站场工艺加热介质、负荷等,从工艺流程、关键技术、主要设备选型、经济评价等方面进行研究,论证油田站场利用地热的可行性,对油田开展地热替代加热炉的研究有指导意义。

关键词: 地热;关停井;燃气吸收式热泵

我国先后制定了《可再生能源法》《大气污染防治法》等法律法规,并发布了《"十四五"规划和 2035 年远景目标纲要》《国务院关于加快建立健全绿色低碳循环发展经济体系的指导意见》等纲领性文件,把清洁低碳作为能源发展的主导方向,且于 2020 年 9 月 22 日向国际社会宣布,将力争在 2030 年前实现"碳达峰",2060 年前实现"碳中和"。中国石油天然气集团有限公司在《中国石油绿色低碳发展行动计划 3.0》中提出力争在 2025 年实现"碳达峰"。近年来,各油田逐渐开展地热资源的勘探开发,并取得了一定的成果[1-6]。冀东油田按照中国石油天然气集团有限公司"清洁替代、战略接替、绿色转型"三步走总体战略部署,全力推进转型升级,高效布局新能源业务,加快构建新发展格局。地热作为一种清洁能源,在冀东油田所在的唐山地区,资源丰富,具备开展"清洁替代"的资源基础[7-9]。油田站场用热主要包括原油脱水、掺水、外输、伴热等工艺用热和站场冬季采暖供热,主要由燃气加热炉提供,燃料气一般为自产天然气。因此,将油田关停井改为地热水井,利用地热供热替代油田站场加热炉,对油田生产企业来说,既可以推进降本增效、节能环保,又能助力"碳达峰"。

1　现状

1.1　油田站场热负荷情况、加热方式

油田站场热负荷分为生产用热和采暖用热:生产用热分为全年负荷、季节负荷、临时负荷等,含水原油脱水加热、原油外输加热、掺水加热、生活热水为全年负荷;原油储油罐维温、污油(水)罐维温、工艺管道伴热、采暖用热为季节负荷;热洗油管等负荷为临时负荷。

1.2　油田地热情况

油田在开发生产过程中,由于各种原因,积累了部分关停井、低效井,这些井均有转换为地热水井的潜力。冀东油田所在区域有丰富的地热资源[8-10],为实现关停井转换成地热井提供了资源基础。

2　地热资源分类及应用方向

地热资源是指在我国当前技术经济条件下,地壳内可供开发利用的地热能、地热流体及其有用组分。温度 T 在 25℃ 以上的地热流体为地热资源。地热资源按其温度分为高温($T \geq 150$ ℃)、中温(90℃ $\leq T < 150$ ℃)和低温($T < 90$ ℃)三类,见表 1。

2.1　直接供热

地热来水水质符合供热水质标准,或供热系统及末端装置采用非金属材料并不会产生结垢堵塞时,温度满足用户需求,可采用地热直接供热系统(图 1)。

2.2　间接供热

地热来水通过换热器间接使用(图 2)。为提高

地热利用率,供热系统一般需设置热泵进行调峰。

　　地热利用率是衡量地热利用效能的参数,与地热流体排放温度成反比,排放温度越低,地热利用率越高,反之,排放温度越高,地热利用率就越低,《城镇地热供热工程技术规程》规定,地热利用率不应小于 60%。

$$\eta = (T_1 - T_2)/(T_1 - T_0) \tag{1}$$

式中　η——地热利用率;

　　　T_1——地热稳定流温,℃;

　　　T_2——地热流体排放温度,℃;

　　　T_0——当地年平均气温,℃。

表 1　地热资源分级表

温度分级		温度界限 T/℃	主要用途
高温地热资源		$T \geq 150$	发电、烘干、采暖等
中温地热资源		$90 \leq T < 150$	
低温地热资源	热水	$60 \leq T < 90$	采暖、制冷、洗浴、理疗、温室等
	温热水	$40 \leq T < 60$	
	温水	$25 \leq T < 40$	

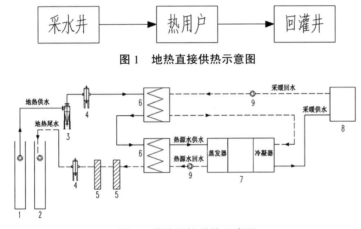

图 1　地热直接供热示意图

图 2　地热间接供热示意图

1—取水井;2—回灌井;3—除砂器;4—排气罐;5—过滤器;6—板式换热器;7—水源热泵;8—热用户;9—循环水泵

3　地热利用主要技术

3.1　热泵技术

3.1.1　吸收式热泵

　　吸收式热泵的工作原理(图 3)是以高温热源

(蒸汽、热水、燃气)为驱动源,回收利用低温热源的热能,实现热量从低温物体转移到高温物体的能量利用装置。驱动热源:蒸汽——0.1 ~ 0.8MPa,热水——85℃以上,烟气——250℃以上,以及天然气、煤气等。吸收式热泵的参数见表 2。

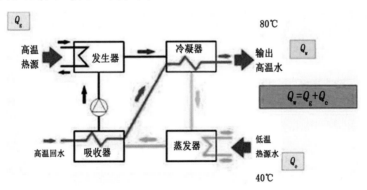

图 3　吸收式热泵工作原理图

表2 吸收式热泵参数表

热泵种类	低位热源	制热温度/℃	制热功率/kW	COP
吸收式热泵	15～70℃热水	≤90	300～14000	1.5～1.8

注:COP是衡量热泵能源效率的指标,为热泵制热量与热泵耗能量之比,其值越大热泵效率越高。

3.1.2 电驱式热泵

电驱式热泵是以电为驱动源,回收利用低温热源的热能,实现热量从低温物体转移到高温物体的能量利用装置。根据压缩机的不同,一般分为螺杆式、离心式、涡旋式三种形式。其参数对比见表3。热泵对比见表4。

表3 电驱式热泵参数对比表

电驱式热泵种类	低位热源	制热温度/℃	制热功率/kW	COP
螺杆式水源热泵	15～40℃热水	≤65	300～6000	2.5～7
离心式水源热泵	20～40℃热水	≤75	4000～14000	4～5.5
涡旋式水源热泵	15～25℃热水	≤55	30～300	3.5～5

表4 热泵对比表

序号	水源热泵类型	单机制热量范围/kW	低位热源温度/℃	热水制取目标/℃	COP	驱动能源	适用范围	适用场景
1	涡旋式	30～300（最小）	15～25	≤55	3.5～5（适中）	电	规模较小的供热,需要热源温度适中的供热场所	小型站场、家庭
2	螺杆式	300～6000（较小）	15～40	≤65	2.5～7（较高）	电	规模较小的供热,需要热源温度较低的供热场所	住宅小区、中大型站场、有地热资源的地区
3	吸收式	300～14000（较大）	10～70	≤90	1.5～1.8（低）	天然气、油、高于85℃的热水	规模较大,需要热源温度较高的供热场所	工业用热、中大型站场、有地热资源的地区
4	离心式	4000～14000（最大）	20～40	≤75	4～5.5（较高）	电	规模较大的供热,需要热源温度适中的供热场所	电厂供热、城市集中供热站、有地热资源的地区

3.2 尾水回灌

将供热利用后的地热流体通过回灌井重新注入热储的措施,实现地热循环利用。一般要求原水层回灌。当采用异层回灌时,必须进行回灌水对热储及水质的影响评价。

地热回灌水中的固体悬浮物、化学沉淀、微生物等是产生回灌井堵塞的原因,回灌水必须进行过滤。

3.2.1 过滤器

过滤精度按照回灌水粒度分析确定。对于基岩型热储层,过滤精度为50μm;对于孔隙型热储层,过滤精度为3～5μm。一般设置二级、三级过滤。

一级粗过滤器使用不锈钢滤网,过滤精度不大于70μm;二级过滤器使用砂过滤,过滤精度不大于50μm;三级过滤器采用膜滤芯,过滤精度为3～5μm。

3.2.2 回灌管道

地热水流经钢制管道后,容易产生腐蚀,并产生细菌。因此,为防止物理、生物堵塞,回灌水管道宜选用非金属管材等耐腐蚀管道。

3.2.3 氮气保护

在地热井不生产运行时,利用氮气充气系统向井内注氮气,阻止空气中的氧气渗入井中,防止管道、井管腐蚀,产生氧化物沉淀发生堵塞。

4 工程应用分析:老爷庙联合站地热利用

4.1 工程概况

老爷庙联合站现安装有6台加热炉:其中原稳加热炉2台,其余3台加热炉功能为原油脱水加热、原油外输加热、采暖伴热、原油储罐循环油加热。本工程利用油田老井改造提供的地热水作为低位热源,新安装3台燃气吸收式热泵、13组换热器,代替原有老爷庙联合站除原稳加热炉以外的加热炉。

老井改造选两口取水井(1用1备),两口回灌井(1用1备)。预测水量100m³/h,温度70～75℃,

地热资源满足老爷庙联合站供热需求。

4.2 负荷计算

本工程热负荷(表5)由老爷庙联合站生产工艺负荷、采暖伴热负荷两部分组成。其中,生产工艺负荷包括:老爷庙来液、高尚堡来液、南堡来液、外输油、循环油。生产工艺负荷除循环油加热负荷为间歇负荷外,其余均为常年负荷。采暖伴热负荷为冬季负荷。设计热负荷取5870kW。

4.3 工艺流程

工艺流程如图4所示。地热来水首先供老爷庙采暖伴热换热器使用,采暖伴热换热器最不利工况

下供回水温度为55℃/65℃,首先利用地热水间接加热采暖回水到60℃,此时,地热水间接提供的热量为700kW,剩余热量5170kW通过热泵提供。选用2台吸收式热泵,单台功率为2600kW,热泵冬季回收的低温热量为2100kW,热泵夏季回收的低温热量为1880kW。地热水设计供水、回水温度70℃/35℃,冬季所需的地热水量为70m³/h,其他季节所需的地热水量为45m³/h。共设置13组换热器。其中,板式换热器4组,管壳换热器9组(7用2备),数量较多,为平衡各换热器流量,设置分水器、集水器。在每组换热器高温水侧设置温度控制阀,控制低温侧的出水温度,满足节能控制需要。

表5　热负荷表

序号	名称	液量/(m³/d)	进口、出口温度/℃	负荷/kW
1	老爷庙来液	320	35/55	200
2	高尚堡来液	1700	40/55	770
3	南堡来液	3140	33/55	1900
4	外输油	4400	50/60	1050
5	循环油	240	50/60	550
6	采暖伴热	—	55/65	1400
7	合计	—	—	5870

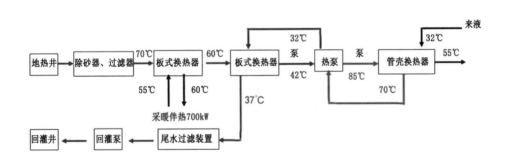

图4　工艺流程图

4.4 主要设备选型

4.4.1 热泵

工艺热负荷为对含水原油或原油的加热,根据《油田油气集输设计规范》规定,管壳换热器的冷热端介质温差均不宜小于20℃,从表4中得出,含水原油或原油的冷介质低温最高为50℃,高温最高为60℃。因此所需的高温热水供水最低为80℃,回水最低为70℃,电驱压缩式热泵工作温度低于75℃,且前期的设备调研也没有发现在出水温度75℃下稳定运行的水源热泵。因此,选用燃气吸收式热泵来

满足工程需要。热负荷分为工艺、采暖伴热两部分,为提高介质传热温差,减少管壳换热器换热面积,设计高温水供水、回水温度85℃/70℃,在此工况下,经核算低位热源侧供水、回水温度42℃/32℃。

4.4.2 地热水侧板式换热器

按照《城镇地热供热工程技术规程》中计算公式及判定标准,采用拉伸指数确定其腐蚀性,经计算拉伸指数为2.33,地热水为轻腐蚀性流体。表6为老爷庙地热水水质分析。地热水氯离子含量1064mg/L,对不锈钢有较强的腐蚀性,同时地热水中

含有一定的砂,为减少换热器的维护工作量,选择宽

流道板式换热器,板片材质选择钛板。

表 6　老爷庙地热水水质分析表

钠/(mg/L)	钙/(mg/L)	镁/(mg/L)	氯根/(mg/L)	硫酸根/(mg/L)	碳酸根/(mg/L)	重碳酸根/(mg/L)	拉伸指数
1064	0	76	1064	240	75	915	2..33

4.4.3　管壳换热器

为减少壳体承压,原油加热介质进入管程,高温水进入壳程。为减少管程流动阻力损失,换热管选用 304 不锈钢材质制作的 D32mm×2.5mm 管。

4.4.4　地热尾水回灌过滤装置

设全自动地热尾水回灌过滤装置一套,装置规模 90m³/h。初效过滤和精密过滤两级过滤:初效过滤器过滤精度 30μm,精密过滤器过滤精度 3μm。初效过滤器采用不锈钢折叠滤芯,自动反洗。精密过滤器采用聚丙烯折叠膜滤芯。

4.4.5　管线

站外地热水集输管线选用改性耐高温玻璃钢管,供水管道采用聚氨酯保温,回水管道不保温。

4.5　主要设备选型

4.5.1　投资估算

本项目投资估算(表 7),含税工程总投资 2356.31 万元,其中老井改造工程投资 328 万元,地面工程投资 1991.98 万元,建设期利息 36.33 万元,增值税抵扣 244.86 万元。

表 7　投资估算表

序号	项目或费用名称	金额/万元	比例
	项目总投资(1+2)	2356.31	100
	项目不含税总投资(1+2-3)	2111.45	89.61
1	建设投资	2319.98	98.46
1.1	老井改造工程投资	328	13.92
1.2	地面工程投资	1991.98	84.54
2	建设期利息	36.33	1.54
6	增值税抵扣额	244.86	11.6

4.5.2　财务分析

经计算,项目投资税后财务内部收益率为9.9%,项目投资回收期(含 1 年建设期)为 8.58 年。项目财务净现值税后为 219.91 万元(表 8)。

表 8　财务分析表

序号	指标名称	单位	数值	备注
1	投资	万元	2356.31	
2	增量成本			
2.1	年均增量生产成本	万元/年	−148.91	运营期平均
2.2	年均增量经营成本	万元/年	−303.89	运营期平均
3	收入与利润			
3.1	年均营业收入	万元	0	运营期平均
3.2	年均利润总额	万元	113.56	运营期平均
3.3	年均净利润	万元	85.17	运营期平均
4	财务分析指标			
4.1	项目投资内部收益率(税后)	%	9.9	15 年运营期
4.2	项目财务净现值(税后)	万元	219.91	15 年运营期
4.3	项目投资回收期(税后)	年	8.58	含建设期

5　结论

　　该项目的实施可替代冀东油田老爷庙联合站燃气加热炉 4 台,每年开采并回灌地热水量 50.12×10^4 t,利用地热资源量 69.26×10^4 GJ,节约天然气 228.96×10^4 m^3,折合标煤 3045.17t,可实现减排二氧化碳 0.95×10^4 t。

　　通过以上分析,以油田联合站为供热负荷中心,一般都有较大的供热需求,尤其是存在全年加热负荷,在具备良好的地热资源的前提下,将闲置油井改造成地热水井,开展油区地热利用工作,满足油田生产、生活用热需要,减少天然气消耗,有较大的环保效应,符合国家、中国石油发展理念,项目经济可行。

参 考 文 献

[1]　汪集暘,邱楠生,胡圣标,等.中国油田地热研究的进展和发展趋势[J].地学前缘,2017,24(3):1-12.

[2]　高德君.重视油田地热资源开发利用优势推动绿色发展——以胜利油田为例[J].中国国土资源经济,2017,30(4):30-34.

[3]　王社教,闫家泓,黎民,等.油田地热资源评价研究新进展[J].地质科学,2014,49(3):771-780.

[4]　刘联波.油田地热资源综合利用技术研究[D].青岛:中国石油大学(华东),2011.

[5]　邓春来.辽河油田地热资源评价及其配套技术研究[D].北京:中国地质大学(北京),2009.

[6]　王学忠,王建勇.孤东油田地热采油可行性研究[J].断块油气田,2008(1):126-128.

[7]　刘国勇,赵忠新,任路,等.沉积盆地中深层水热型地热资源评价体系研究与应用[J].油气与新能源,2022,34(2):38-47,54.

[8]　张晓东.京津冀地区新生界地热资源量计算与有利区预测[D].北京:中国地质大学(北京),2017.

[9]　杨立顺.唐山沿海地区地热资源开发利用及前景[J].中国环境管理干部学院学报,2011,21(1):23-25.

[10]　董月霞,黄红祥,任路,等.渤海湾盆地北部新近系馆陶组地热田特征及开发实践——以河北省唐山市曹妃甸地热供暖项目为例[J].石油勘探与开发,2021,48(3):666-676.

第一作者简介　温志旺(1977 年—),男,工程师,2000 年 7 月毕业于河北建筑科技学院城建系供热通风与空气调节专业;现从事暖通设计工作。

(收稿日期:2022-8-18　　本文编辑:郝艳军)

油田数据质量管理体系研究与建设

邓红梅

（中国石油冀东油田公司勘察设计与信息化研究院，　河北　唐山　063004）

摘　要：数据是数字经济的核心资源，为企业数字化转型和高质量发展提供必要的基础保障，提升数据质量，能有效支撑油田协同研究、生产经营等各项业务活动。深入分析冀东油田数据质量管理现状，针对数据质量存在的不及时、不完整、不准确等问题，结合油田数据质量管理需求，探索性提出了数据质量全生命周期管理的目标，设计了公司级数据质量管理体系架构，结合实际开展了数据质量管控系统和数据质量公报系统建设实践工作，并针对数据质量问题开展持续改进工作，为油田数据质量提升提供了信息技术支撑。

关键词：数字化转型；智能化发展；智能油田；数据治理

数据是油田勘探开发、科学研究、经营管理的重要基础，它的准确性和有效性对油田的精细管理与转型升级工作极其重要。近年来，为进一步提升生产经营管理水平，各油田均开展了数据质量提升工作。华北油田建设勘探开发数据质量检测软件，完善数据标准体系，重点提升勘探开发数据质量[1]。大庆油田建立数字质量管控体系，加强数据的完整性、规范性、一致性的审核与控制，有效提升数据质量[2]。塔里木油田为了提升数据管控水平，推进生产数据质量控制体系建设，开展管理标准规范制定、生产数据质量控制流程优化、数据质量控制工具开发等工作[3]。

冀东油田自 2016 年启动历史数据治理工程以来，治理完成 9 个专业 12 个应用系统，但因为治理工作主要针对已有系统管理的数据，未形成有效的数据治理体系，部分数据采集不完整、数据录入不规范、不同系统间的数据不一致、数据录入不及时等问题仍不同程度存在。为解决此问题，冀东油田借鉴华为数据管理体系，立足现状，设计了冀东油田数据质量管理体系架构，从管理组织、制度、流程和工具等多方面提升公司数据管理水平。

1　数据概述

数据一般指在计算机系统中，各种字母、数字符号的组合、语音、图形、图像，数据经过加工后就成为信息。油田数据通常指油田在生产运行、经营管理和战略决策过程中，依托信息技术产生的企业内外部各类电子化成果。石油企业的所有重要决策，都离不开对数据的分析[4]。

1.1　数据质量管理定义

数据质量管理（Data Quality Management），一般指对数据从计划、采集、存储、共享、维护、应用、销毁的全生命周期每个阶段里可能引发的各类数据质量问题，进行识别、度量、监控、预警等一系列管理活动，并通过改善和提高组织的管理水平使得数据质量获得进一步提高[5]。

1.2　数据质量管理的维度

数据质量管理的维度：2013 年，DAMA（国际数据管理协会）制定了《DAMA 数据管理知识体系指南》，描述了数据质量的六个核心维度。

（1）完整性（Completeness）：用来描述信息的完整程度。

（2）唯一性（Uniqueness）：用来描述数据是否存在重复记录，没有实体多余出现一次。

（3）有效性（Validity）：用来描述模型或数据是否满足用户定义的条件。通常从命名、数据类型、长度、值域、取值范围、内容规范等方面进行约束。

（4）一致性（Consistency）：用来描述同一信息主体在不同的数据集中信息属性是否相同，各实体、属性是否符合一致性约束关系。

（5）准确性（Accuracy）：用来描述数据是否与其对应的客观实体的特征相一致。

（6）及时性（Timeless）：用来描述从业务发生到

对应数据正确存储并可正常查看的时间间隔程度，也叫数据的延时时长，数据在及时性上应能尽可能贴合业务实际发生时点。

每一规则维度可能需要不同的度量方法、时机和流程。这就导致了完成检核评估所需要的时间、金钱和人力资源会呈现差异。数据质量的提升不是一蹴而就的，在清楚了解评估每一维度所需工作的情况下，选择那些当前较为迫切的检核维度和规则，从易到难、由浅入深地逐步推动数据质量的全面管理与提升。规则维度的初步评估结果是确定基线，其余评估则作为继续检测和信息改进的一部分，以及作为业务操作流程的一部分。

2　油田数据质量管理现状

"十一五"以来，冀东油田加强了数据资源建设与管理，形成了以中国石油统建系统为核心，以公司自建专业数据库为辅的勘探开发数据管理体系，有效支撑了公司协同研究、生产经营等各项业务应用。在中国石油和冀东油田的领导下，冀东油田数据管理工作始终坚持"统一规划、统一设计、统一标准、统一投资、统一建设、统一管理"的"六统一"原则，制定公司数据管理办法和各类专业数据应用与运维管理实施细则，有序推进数据治理工作，整体提升基础数据质量，进一步挖掘数据应用的价值。

在逐年增长的数据管理和应用反馈中发现，油田数据质量仍面临着部分数据采集不完整、数据录入不规范、不同系统间的数据不一致、数据录入不及时等问题，一定程度上降低了数据可信度，用户对数据不敢用、不想用，也影响数据治理的有效推进，导致难以建立一个有内驱力的良性数据闭环生态体系。主要体现在以下几个方面。

（1）及时性、完整性方面。各应用系统是在不同时期建立的，因不同时期业务需求和信息化程度不同，数据随各系统分散存储，从各系统采集层面对数据及时、完整方面约束和校验单一，达不到现在的数据质量需求。

（2）准确性方面。在用的各系统内置的质控规则多为数量级（0～100%）、非空等简单的判断，缺少从业务层面进行数据逻辑的判断，缺少跨系统间业务关联性的判断。

（3）管理能力方面。大部分系统主要依靠 SQL 语句在数据库后台手动统计和监督，缺少统一、直

观、灵活的数据质量监控。

3　冀东油田数据质量管理体系设计

3.1　数据质量管理目标

冀东油田数据质量管理初步目标是通过完善数据治理工作机制，建设数据质控等管理系统，形成完善的"管理体系、管理能力"，确保数据的可用、完整、准确、安全，打造"共建、共治、共享"的数据质量管理新格局。

3.2　数据质量管理体系架构

数据质量管理体系主要包括数据质量管理机制和数据质量管理能力两方面（图 1）。

3.3　数据质量管理机制

依据数据质量管理体系架构设计，在数据质量管理机制方面将重点开展数据治理工作组织机构职责梳理、数据管理制度流程发布、数据权责细分、考核机制明确等工作。具体内容如下：

（1）公司数据管理办法：明确数据治理组织架构，及各方工作职责；明确数据职能领域划分；提出各数据职能领域总体要求。

（2）公司数据标准规范：为各数据职能领域提出规范要求，并制定指南，指导专业领域开展工作；为了与《数据管理办法》进行下一步的落地执行，制定形成 6 个规范的管理规范体系。

（3）业务标准规范：在遵从公司办法、标准规范的前提下，各业务领域制定符合专业具体要求与专业特色的实施细则、行动指南与操作手册。

3.4　数据质量管理能力

依据数据质量管理体系架构设计，公司数据质量管理能力建设内容主要包括区域数据湖、数据质量监管、数据资源目录、数据质量公报等。具体如下。

（1）区域数据湖：开发部署区域湖管理、集成、治理等相关工具，打造数据治理一体化平台，并与主湖对接，构建连环湖。实现数据逻辑统一、分布存储、互联互通，实现结构化、非结构化、实时和知识数据的流转。

（2）数据质量监管：重构自质量需求、质量检查、

质量分析到质量提升的全面质量管理过程,实现对油田数据及时性、完整性、准确性进行实时监管和评价,及时掌握数据情况,定期进行数据质量考核与整改,持续提升数据质量,为油田生产经营业务和数字化转型提供高质量数据支撑。

(3)数据资源目录:通过对业务流程和业务事项的正向梳理,构建数据资源业务目录;通过引用、关联信息系统库表中的数据逆向梳理,推出数据资源目录雏形,在完整性、易用性的评估视角下进行完善,打造完整资源目录。

(4)数据质量公报:具备考核权重管理、错误登记、考核统计等功能,建立灵活、多样化的考核机制来综合评价各单位的数据上报质量情况,形成考核排名,辅助质量考核,促进质量提升。

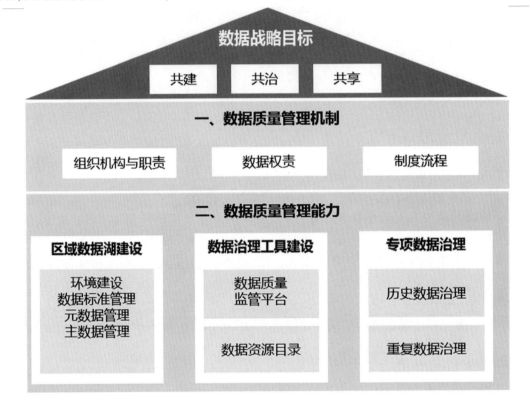

图1 数据质量管理体系架构

4 冀东油田数据质量管理体系建设

基于前期研究结果,冀东油田探索性开展数据质量管理体系建设实践工作,重点启动了数据质量管控系统和数据质量公报系统研究与建设,并针对数据质量问题开展了持续改进工作。

4.1 数据质量管控系统建设

针对中国石油统建的勘探与生产技术数据管理与应用系统(A1),开展了数据质量监管系统建设,设计业务逻辑关联性、业务特点突出的数据质量检查方法,结合各专业业务数据规范制定数据质控规则,对新产生数据进行后台自动扫描与实时报警,实现对油田数据及时性、完整性、准确性进行实时监管和评价,及时掌握数据情况,定期进行数据质量考核

与整改,持续提升数据质量,为油田生产经营业务和数字化转型提供高质量数据支撑。

数据质量管控系统主要包含以下功能(图2)。

(1)质控资源管理:从业务角度构建数据质量标准,建立标准规范,为数据质检规则提供标准、依据,使质控过程有据可查、有据可依。

(2)质控过程管理:质控的核心是检查规则和检查方案。整个质检过程围绕检查规则和检查方案,借助调度引擎实现检查自动化运行,并推送检查结果及告警消息(图3)。

(3)质控结果管理:跟踪当天各单位不同专业的数据上报情况、问题情况、整改情况,形成考核排名,辅助质量考核,促进质量提升。

(4)持续改进管理:建立标准化的问题管理流程,形成问题提醒、整改、反馈的闭环管理模式。

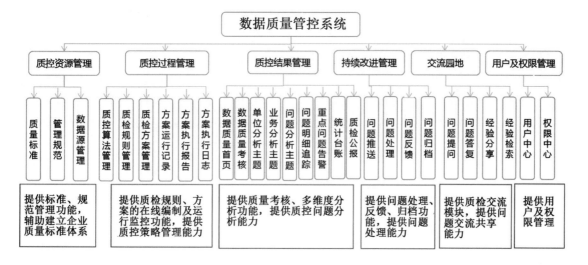

图 2 数据质量管控系统功能架构图

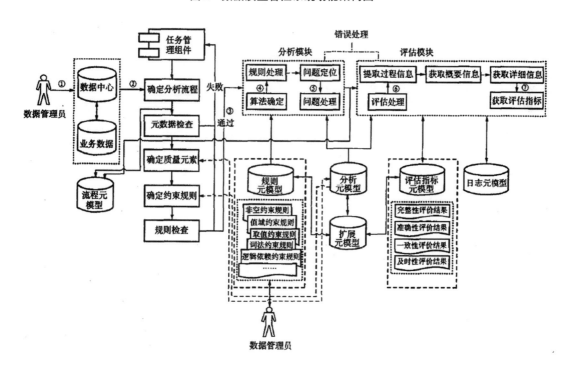

图 3 数据质量检查流程图

4.2 数据质量公报系统建设

为及时、准确掌握数据质量情况,启动了数据质量公报系统建设,主要具备考核权重管理、错误登记、考核统计等功能,建立灵活、多样化的考核机制来综合评价各单位的数据上报质量情况,形成考核排名,辅助质量考核,促进质量提升。主要功能如下。

(1)质检结果综合展示:跟踪当天各单位不同专业的数据上报情况、问题情况、整改情况,形成考核排名,辅助质量考核,促进质量提升(图4)。

(2)质检结果分析:按照单位、业务、问题类型等不同维度对数据质量检查结果进行分析,辅助发现问题产生的根源,支撑数据考核工作(图5)。

(3)数据公报生成与发布:根据数据质检结果,分单位、分专业形成数据质量公报,追踪各单位、各业务不同阶段数据更新情况,促进数据及时、完整、准确入库。

4.3 数据质量改进

在数据质量管控系统和数据质量公报系统建成后,为持续提升内部数据质量,公司需进一步建立长效的质量管理机制。

（1）全面收集与发现数据问题，形成数据质量问题收集常态机制。平时的业务、技术、管理问题，需要建立相关问题收集、反馈机制。

（2）优化数据问题分析方法，找到问题根本原因。根据问题影响程度，进行量化分析，从管理流程、数据认责及操作规范方面识别根本原因，根据问题严重性进行优先级排序。

（3）根据业务流程需要，制定合适的数据问题解决方案。根据方案，及时跟踪问题解决情况，定期发布数据质量报告。

（4）建立数据质量考核机制，进行数据质量监管常态化运转。组织定时定期对数据质量进行跟踪验证，加快数据质量提升速度，毕竟数据质量提升是一个长期的过程。

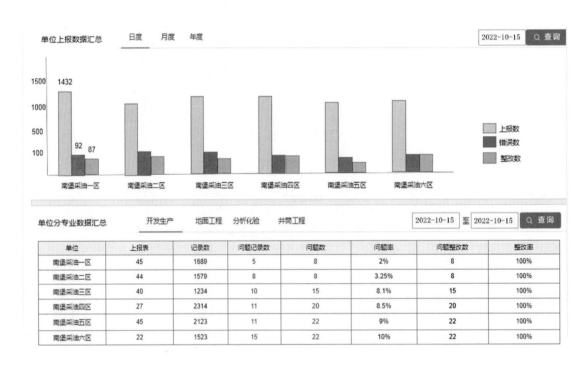

图 4　质检结果综合展示界面图

图 5　数据质检结果分析界面图

5　结论

通过开展数据质量管理体系研究与建设，冀东油田以统建勘探与生产技术数据管理与应用系统

（A1）为试点，初步构建了数据质量管控系统和数据质量公报系统，基本建立了数据质量管理机制，对A1系统数据质量有了一定程度的提升。

下阶段，冀东油田将进一步深化数据质量管控系统和数据质量公报系统的建设与应用,完善数据治理体系、治理能力,构建区域数据湖和数据质量管理长效机制,推动所有业务系统数据质量全面管控,实现全业务领域数据共享与应用,形成高价值的数据资产,支撑公司数字化转型、智能化发展和新型清洁能源公司建设。

参 考 文 献

[1]　张晓燕.勘探开发数据质量控制研究[J].中国管理信息,2015,18(19):77-79.

[2]　梁慧妍.数字油田建设中的数据质量控制方法分析[J].网络安全技术与应用,2021,21(7):127-128.

[3]　白燕,王陶,朱耀军,等.油气田生产数据质量控制体系建设及应用研究[R].第七届数字油田国际学术会议论文集,2021.

[4]　李国和,冯峥,王卓瑜,等.数据资产管理体系研究[J].电信科学,2019,35(2):105-112.

[5]　数据管理协会.DAMA 数据管理知识体系指南[M].北京:机械工业出版社,2013.

作者简介　邓红梅(1984—),女,工程师,2007 年毕业于西南石油大学资源勘查专业,获工学学士学位;现从事数据管理工作。

(收稿日期:2022-8-28　　本文编辑:白文佳)

倾斜摄影测量在油田站场三维实景建模中的应用

张 蕊 崔文利 刘 岩

(中国石油冀东油田公司勘察设计与信息化研究院,河北 唐山 063004)

摘 要:随着空间地理信息技术不断发展,高精度、高效率的新型航测技术在油田逐渐开始应用,无人机倾斜摄影技术与三维实景建模技术在油田站场及管道等地面工程建设中发挥了重要作用。结合某站场标准化改造项目,详细构建了无人机倾斜摄影数据构建三维实景模型的工作流程,并通过充分融合地理空间数据,准确构建站场三维实景模型,为项目方案及工程设计、工程建设辅助管理、施工、监理、项目验收及运维等提供了有力支撑。

关键词:油田站场;无人机航空摄影测量;倾斜摄影测量;三维实景建模

随着油田的快速发展,对地理信息数据的精确性、时效性提出了越来越高的要求。传统的大比例尺地形图测绘,常规的作业方法是采用全站仪、RTK(Real Time Kinematic,实时动态测量)等方式进行全野外测量法测图,内、外业工作量大,成图周期长,人工和时间成本大;丘陵、山地、池塘、滩涂、沼泽等区域测绘受限,成果精度低。如何高效、准确地获取地形图和三维实景模型,及时为油田建设的科学决策、规划设计、工程建设、土地管理等提供技术支撑,是当前测绘业务面临的关键问题。而新型无人机航摄系统能够快速、高效、准确地获取地理信息和数据,成为最优的解决方案。

1 无人机倾斜摄影测量简介

1.1 无人机倾斜摄影测量原理

无人机倾斜摄影测量技术是一种新型的三维模型构建技术[1-3],已经在工程建设、城市建设、应急管理、智慧社区、规划设计、国土管理等领域中发挥着重要作用[4]。

无人机倾斜摄影测量技术突破以往正射影像只能从垂直角度拍摄的局限,实现从多个角度采集地物影像信息,经专业三维建模软件生产出数字化实景三维模型,具有精度高、细节纹理明显、灵活、高效的特点,适合各种复杂场景的测绘生产[5]。图1为多角度获取影像示意图。

图1 多角度获取影像示意图

1.2　无人机倾斜摄影测量特点

（1）测量作业几乎没有死角，可全方位、多角度获取数据。通过控制无人机飞行高度、调整摄影角度，不仅可以获取高分辨率的影像，而且多角度相机组合几乎不存在拍摄不到的场景，可以较全面地获取地物顶面与侧面的信息。

（2）测绘作业成本低。利用无人机进行作业，相比传统作业方式可以减少人力、物力投入，大幅降低了成本。

（3）自动化程度高，操作简单高效。倾斜摄影测量三维建模自动化程度高，简单高效，可大幅缩短工作周期[6]，提高测绘作业工作效率。

（4）一次性获取数据量大，附加值高。针对特定的测绘区域，无人机作业可同时获取丰富区域内的全部有效数据，具有高附加值数据源，可生产多用途的数字化测绘产品。

2　仪器与软件

某站场标准化改造项目测绘作业应用仪器为大疆经纬 M300 RTK 无人机，相机型号为 Zenmuse P1 35mm，中海达 H32 全能型 GNSS（Global Navigation Satellite System，全球导航卫星系统）RTK 系统；应用的软件为大疆智图、南方 CASS 等。

大疆经纬 M300 RTK 无人机携带有 D-RTK 2 移动站模式进行定位，结合地面数据可以获得高精度的航片及 POS（Position and Orientation System，定位定姿系统）数据，包括航向重叠度、旁向重叠度、坐标值、飞行航向、航速及航高、倾角等数据，为三维建模提供精确的航拍数据。利用倾斜摄影数据处理及建模技术可以进行几何重构，获取地形表面模型及点云数据[7]。

大疆智图是大疆推出的首款测绘内、外业一体化 PC 端产品，一套软件可实现无人机航线规划、实时建图、二维测图、三维建模全部流程。

3　无人机倾斜摄影测量作业过程

利用无人机进行外业的倾斜摄影测量，其主要技术流程为航线规划、像控点布设、航飞，内业建模的技术流程为像控点刺点、空三解算、二维地图重建、三维模型重建等。图 2 为倾斜摄影测量生产二维正射图和三维实景模型的作业流程图。

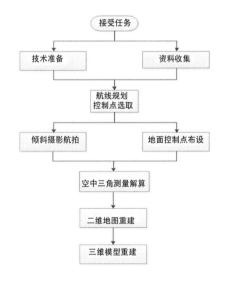

图 2　无人机倾斜摄影测量生产地形图的作业流程图

3.1　技术准备

对进行无人机倾斜摄影测量的区域进行已有资料收集，现场踏勘，充分了解现场情况。根据现场及天气情况，确定航摄时间，设计航摄路线、作业航高及航摄技术参数等[8]。

根据航线规划进行倾斜摄影测量，相机分辨率和航高关系到成果的精度，确定航高的公式如下：

$$H = \frac{f \cdot GDS}{a} \qquad (1)$$

式中　H——倾斜摄影航高，m；

f——倾斜摄影中垂直镜头的镜头焦距,mm;

a——像元尺寸,mm;

GDS——影像的地面分辨率,m。

根据 GB/T 39610—2020《倾斜数字航空摄影技术规程》要求,航向重叠度一般不低于 60%,旁向重叠度一般应设计为 40%~80%,最低不低于 30%。在陡峭山区、高层建筑密集区、航向重叠度设计为70%~80%。

3.2 航线规划设计及航摄技术参数设计

无人机航线规划及航摄技术参数设置是航摄的关键环节,也是决定质量好坏和最终能否生产出三维模型的关键,在做航线规划时,需要考虑任务区域范围、地面分辨率、飞行高度和重叠度等多方面因素[9-11]。

考虑到测区内建筑较多、无高层建筑,但部分厂房间距只有 1m,同时要求地面影像分辨率优于0.05 m,设计测量比例尺定为 1:1000,设计相对航高 120m。旁向重叠度设计为 75%,航向重叠度设计为 75%。为满足建模需求,有建筑物的摄区需向建模范围线外延伸 150m 进行航摄。倾斜摄影规划了5 组航线:1 组正射航线和 4 组不同朝向的倾斜航线,从而获取到倾斜影像及 POS 数据,现场采集照片1319 张,均用于生产二维正射影像地图和三维实景建模。

3.3 地面像片控制点布设

像控点是摄影测量控制加密和测图的基础。为提高像控测量的效率和精度,选择分布合理的像片控制点,采用 GNSS RTK 技术进行像控点测量。根据研究区域约为 0.15 平方千米及地势平坦无高低起伏,布设了 6 个控制点,其主要分布于测区内部比较明显的特征点上。采用 GNSS RTK 技术测量像控点坐标时,直接获取控制点的 CGCS2000 坐标成果。图3 为本项目的像片控制点布设。

图3 像片控制点布设

3.4 倾斜摄影测量

飞行时间定在上午 9 点 30 分开始,起飞点位于地块外,即门口停车场,场地开阔,便于操作及视线良好。根据既定航线规划、飞行航高或分辨率等飞行参数,航拍影像,自动化程度高,航拍可获取站场或处理厂地理信息照片及 POS 数据。

3.5 空中三角测量解算

3.5.1 像控点刺点

内业刺点,即在多视角、多幅像片上精确标记出同名控制点的位置。后续通过空中三角测量解算,形成空间点云,将整体坐标纠正至本地坐标系或其他平面坐标系。刺点的原则可概括为"虚实结合像素点、不刺过曝像片、不刺像片边缘",尽量多镜头像片皆刺点。刺点位置一般是十字交叉的中心,根据影像分辨率,估算刺点所占的像素,把影像缩放到合适的大小,完成刺点。

3.5.2 空三解算

空三是空中三角测量的简称。空中三角测量是利用空间前、后方交会的原理,确定影像外方位元素、像素点、地面点坐标的过程,是恢复影像构像条件的唯一环节[12]。空中三角测量的核心是光束法平差模型,即以单张像片的一束光线为基本平差单元,由像点、物点、摄影中心所构成的共线条件方程组建数学模型,在引入少量地面控制点后,实现大量地面点高精度定位的目的。该软件中空三解算是自动完成的,通过特征点提取、特征点匹配、区域网平差等,将整体区域最佳地嵌入控制点坐标系中,从而恢复地物间的空间位置关系。图 4 为空三解算的成果图。

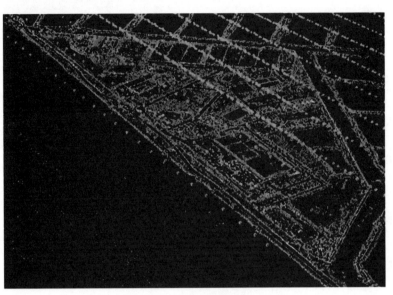

图 4　空三解算成果图

3.6　二维及三维地图重建

二维地图重建由系统自动运行完成,生成的二维地图可直接结合 ARCGIS/CASS/EPS 等绘图软件,快速绘制出二维平面地图。二维地图成果格式输出为 TIFF 格式,坐标系统采用2000 国家大地坐标系,1985 国家高程基准。在南方 CASS 软件中导入成果图片,绘制地形图。图 5 为某平台实景二维地图效果示意图。

图 5　实景二维地图效果示意图

二维地图重建任务完成后,提交三维模型重建。三维建模的原理是通过影像匹配来获取密集匹配点云,由匹配的三维点云生成 TIN(Triangulated Irregular Network,不规则三角网),得到三维模型(白模),然后将 TIN 模型的三角面片与对应纹理影像自动纹理映射,从而得到三维模型[13]。

三维模型重建是建模的重要环节,由系统自动运行完成。项目三维模型成果格式输出为 OpenSceneGraph 二进制格式(OSGB),坐标系统采用2000国家大地坐标系,1985 国家高程基准。图 6 为某平台实景三维模型效果示意图。

图 6　实景三维地图效果示意图

4　成果分析

利用无人机倾斜摄影技术构建了 1 个区块的三维精细实景模型,结合基础地理空间数据(油田设施属性数据、地理实体数据、影像数据、高程数据、地名地址数据等),在站场三维成果图上清晰多角度呈现站内设备、站间管道、站内管道等数据,充分反映站场现实状况的仿真三维模型,建模精度优于 0.04m,侧面纹理清晰可见。

倾斜摄影测量技术与传统 RTK 技术比较,具有如下优点:

(1)野外作业时间比较短,现场飞行时间为15min;用 RTK 测量,大约需要 2h,若有房角等信号弱或是无信号特征点,需要结合全站仪联测,则需要 3h 以上。

(2)现场不便于人工测绘的泥洼地区,通过无人机作业,其二维地图和三维模型中都能完美准确展示。

(3)RTK 测绘能直观表示平面地物关系,却无法直观表示出地物的空间关系,三维模型能真实地反映出站场中设备、管道、建构筑物等相互之间的空间关系,空间相对位置一目了然。

(4)RTK 测绘的地形图只能对长度、面积进行量测,而三维模型在后续应用中还可以对地物进行高度、角度、坡度、体积等的量测。

5　结论

通过无人机外业作业,降低了测绘生产成本,提高了工作效率。利用倾斜摄影构建的实景三维模型,可以更加清晰、准确地展示油田站场的地面情况,在项目方案及工程设计、工程建设辅助管理、施工、监理、项目验收及运维等中能够得到更好的使用,能够为油气田勘探开发及地面工程建设提供更有力的支撑。

参 考 文 献

[1] 邱春霞,董乾坤,刘明.倾斜影像的三维模型构建与模型优化[J].测绘通报,2017,63(5):31-35.

[2] 周晓敏,孟晓林,张雪萍,等.倾斜摄影测量的城市真三维模型构建方法[J].测绘科学,2016,41(9):159-163.

[3] 朱国强,刘勇,程鹏正.无人机倾斜摄影技术支持下的三维精细模型制作[J].测绘通报,2016,62(9):151-152.

［4］　张正禄.工程测量学［M］.武汉：武汉大学出版社,2005.

［5］　苏晓刚.无人机倾斜摄影测量的不动产三维单体化建模及应用研究［D］.淮南：安徽理工大学,2020.

［6］　徐志豪.消费级无人机倾斜摄影三维建模可行性研究［J］.北京测绘,2018,32（8）：897-904.

［7］　Nex F,Remondino F.UAV for 3D mapping applications：A review. Appl［J］.Geomat,2014（6）：1-15.

［8］　丁涛,付贵,刘超,等.消费级无人机在 1：500 地形图测绘中的应用［J］.合肥工业大学学报（自然科学版）,2021,44（6）：840-844.

［9］　张毕祥,基于倾斜摄影测量技术在大比例尺地形图测绘中的研究［J］.软件,2018,39（7）：146-151.

［10］　李威,李国柱.基于倾斜摄影测量技术测绘地籍图的可行性研究［J］.软件,2018,39（12）：181-186.

［11］　梁静,李永利,戴晓琴,等.基于无人机倾斜影像的数字校园三维重建［J］.测绘与空间地理信息,2018（8）：139,141,145.

［12］　马国吉,马国斌,马国宝,等.消费型无人机倾斜序列影像三维重建研究［J］.地理空间信息,2021,19（7）：31-35.

［13］　VETRIVEL A,GERKE M,KERLE N,et al.Identification of damage in buildings based on gaps in 3D point clouds from very high resolution oblique airborne images［J］.ISPRS Journal of Photogrammetry and Remote Sensing,2015,105（7）：61-78.

第一作者简介　张蕊(1981—),女,工程师,2006 年毕业于中国石油大学(华东)地理信息系统专业;现从事测绘及相关工作。

（收稿日期：2022-8-18　　本文编辑：郝艳军）

Application of Scanning Electron Microscope in Mineral Identification —— Taking Nanpu 2 Structure as an Example   2022(3):1-5

Ji Hainan(Research Institute for Exploration and Development, PetroChina Jidong Oilfield Company,Tangshan 063004,Hebei Province)

Abstract:With the deepening of oilfield geological exploration, the nature of reservoir space and the fine minerals of rocks directly affect the direction of geological research. The fabric and genesis of rocks provide the basis for the study of rock depositional environment, oil and gas storage performance and lithology classification, and are of great significance to the lithology identification of rocks and mines. X-ray diffraction, CT, scanning electron microscope analysis, etc. are commonly used technical analysis methods in geological research. Among them, the scanning electron microscope uses a high-energy electron beam to scan the core, and stimulates various physical signals through the interaction between the beam and the rock, and then collects, amplifies, and images the information to achieve the purpose of characterizing the microscopic morphology of the rock. At the same time, the combination of scanning electron microscopy and energy spectrometer analysis can realize the visual observation and measurement of micro-pores and the identification of clay minerals, and analyze the types and contents of elements in rock micro-regions while observing the micro-morphology.

Key words:Clay minerals; Rock mineralogy; Authigenic minerals; Micropores

Reservoir Characteristics of He 8 Member of Shihezi Formation in Shenmujia County, Ordos Basin   2022(3):6-13

Chen Yunfeng et al. (Research Institute for Exploration and Development , PetroChina Jidong Oilfield Company, Tangshan 063004,Hebei Province)

Abstract:Using the results of conventional rock thin sections, casting thin sections, scanning electron microscopy, porosity-permeability analysis, and mercury injection experiments, we studied the reservoir characteristics of the He 8 member of the Shihezi Formation in Shenmujia County, Ordos Basin. We describe the reservoir characteristics from the aspects of sedimentology, petrology, physical properties, pore roar characteristics, diagenesis mechanism, and pore evolution. The results show that this set of reservoirs is composed of fine-medium grained lithic sandstone and lithic quartz sandstone dominated by distributary channel sand bodies in the delta plain. Characteristic of poor throat sorting. The reservoir pore types are mainly intragranular dissolution pores and residual intergranular pores. Compaction, clay mineral cementation, carbonate mineral cementation, and secondary enlargement of quartz are the main factors leading to the compaction of the reservoir, while the dissolution of feldspar and cuttings improves the physical properties of the reservoir.

Key words:Reservoir characteristics; He 8 Member; Shenmujia County

Fine Characterization and Application of Narrow and Thin Channel Sand Body: A Case Study of the Second Member of Guantao in Tang 71X2 Fault Block   2022(3):14-19

Gao Donghua et al.(Research Institute for Exploration and Development , PetroChina Jidong Oilfield Company,Tangshan 063004,Hebei Province)

Abstract:Taking the channel sand bodies of Formation 4-6 of Guantao Second Member of Tang 71X2 fault block in Matouying Projection as the research object, aiming at the problems that the narrow channel control single sand body thickness is thin (the thickness of single sand body is less than 4m), the lateral change is fast (the width of single channel is less than 100m), and the traditional seismic facies analysis method is difficult to predict the narrow and thin sand body. Based on the comprehensive analysis of sedimentary facies by using drilling data and well logging data, the seismic response characteristics of channel sand bodies are summarized, and the slicing attribute technology of seismic strata is used to select the slicing attribute with high consistency with drilling data and the sedimentary facies study to accurately characterize the plane distribution of single channel sand bodies. The practice proved that the predicted results were in good agreement with the measured drilling results, indicating that this method has high reliability in predicting narrow and thin channel sand bodies, and can also provide reference for reservoir prediction under similar geological conditions in adjacent blocks.

Key words: Matouying bulge; Narrow channel sand body; Characteristic of reflection; Section of stratum

Application of Grey Relational Theory and Support Vector Machine in the Effect Prediction of Fractured Wells

2022(3):20-25

Zhang Qinglong et al.(Onshore Oilfield,PetroChina Jidong Oilfield Company, Tanghai 063229, Hebei Province)

Abstract: A fault block in Liuzan Oilfield is a fault-lithologic reservoir, The type of reservoir belongs to low porosity and low permeability reservoir, development characteristics of oil and gas Reservoirs include low natural production, low recovery percent and oil production, slowly the oil production rate, lack of natural gas energy, quickly production decline and water cut raising rate. At present, hydraulic fracturing is an important stimulation technique for low permeability reservoir. Therefore, these issues discussed above can be solved by hydraulic fracturing .what is more, fracturing prediction model is built by making full use of production data and stimulation effect of fractured wells, which lays a good foundation for optimizing hydraulic fracturing design and comprehensive adjustment scheme in this fault or small fault blocks, which have identical geological features. Fracturing effect prediction of a fault block in Liuzan Oilfield by using mathematical algorithms which have better evaluation effect in oilfield.Firstly, the grey correlation theory is used to select the factors that affect the fracturing effect, which is available to choose the most significant several factors in many factors with affecting the fracturing effect . Quantitative relationship between several significant factors in fracturing effect and average daily oil production in fractured most wells are established by multivariate linear regression method, Which obtains multiple linear regression model, what is more, the production prediction model of fractured wells is established by support vector machine theory.Finally, the two prediction models are validated by the actual data of a few wells which are included in the prediction block, which shows that the prediction accuracy of support vector machine is superior to the others.

Key words: Low porosity and low permeability reservoir; Hydraulic fracture; Grey correlation theory; Multiple linear regression model; Support vector machine

Analysis and Understanding of the Influence of Oil-based Drilling Fluid on Formation Parameters

2022(3): 26-30

Fan Qiuxia et al.((Research Institute of Survey ,Design and Informatization ,PetroChina Jidong Oilfield Company,Tangshan 063004,Hebei Province)

Abstract: During the drilling process of many exploration wells in Nanpu Oilfield, borehole wall collapse occurs in deep formation, which makes it impossible to achieve the exploration purpose. Oil-based drilling fluid has the advantages of high temperature resistance, good wall stability, good lubricity and low damage to oil and gas formations. It has been widely used for drilling deep wells, ultra-deep wells, highly deviated directional wells, horizontal wells and complex water sensitivity formation well. Based on the analysis of the advantages and disadvantages of oil-based drilling fluids, the research and application of oil-based drilling fluid systems are introduced, and the influence of oil-based muds on reservoir resistivity, pore structure and other parameters is summarized. The method requirements for preparing suitable oil-based drilling fluids are investigated regarding wellbore stability, drilling fluid rheology and stability, wellbore purification effects, mud cake treatment and environmental issues. It is concluded that the oil-based drilling fluid has good well wall stability and oil layer protection effect, but it will affect the identification of oil and gas layers by subsequent logging and mud logging.

Key words: Deep exploration; Oil-based drilling fluid; Drilling fluid treatment agent; Pore structure

Research and Application of Water Glass Composite Gel   2022(3):31-35

Yuan Peng et al.(Ruifeng Chemical, Petrochina Jidong Oilfield Company,Tangshan 063004,Hebei Province)

Abstract: In the middle and low permeability reservoirs of Jidong Oilfield, there are problems such as one-way intrusion of injected water along the plane, large differences in water absorption profiles, and difficulty in injection-production control. We prepared water glass composite gel plugging agent with water glass, network water retaining agent and delayed activator, screened and optimized the plugging agent formula, studied the injectivity and plugging performance of the plugging agent, and carried out field application in the oilfield. The results show that the water glass composite gel plugging agent prepared according to the mass ratio of water glass, network water retention agent and delayed activator at 15 : 0.2 : 3, the water glass reaction rate in the system can reach more than 98%, and the gel volume is not less than 100%; the viscosity before gelation is 15mPa · s, and the core injection resistance coefficient is 5-6; The gelation time is 9-17.5 hours at 95-120 degrees celsius, the viscosity after curing at 120 degrees celsius is 3800mPa · s, the viscosity retention rate is 93% for 180 days, and the plugging rate of the reservoir with a permeability below 170mD is higher than 93%. After water flushing 15PV, the plugging rate is greater than 90%. We applied 6 wells in the Jidong Oilfield, the average single well water injection start pressure increased by 4.32MPa, the water absorption profile was improved, the corresponding oil wells took effect, and the cumulative oil increase was 4314 tons.

Key words: Water glass gel; Middle and low osmosis; Heterogeneity; Swelling

Synthesis and Performance Improvement of a Betaine Surfactant for Oil Displacement   2022(3):36-40

Li Jiahui (Research Institute for Exploration and Development,PetroChina Jidong Oilfield Company,Tangshan 063004,Hebei Province)

Abstract: Quaternary amination reaction by N,N-Dimethyloctadecylamine and sodium 3-chloro-2-hydroxypropanesulfonate to obtainoctadecyl dimethyl hydroxypropyl sulfobetaine surfactant. The molecular structure of the product was characterized by infrared spectroscopy. The surfactant was compounded with lauryl polyoxyethylene polyoxypropylene ether which is a nonionic surfactant, and the effects of different proportions on solubility, oil stripping ability and emulsion stability were discussed.And the oil displacement performance of the reagent was evaluated.The experimental results show that the synthesized product has the structural characteristics of alkyl hydroxypropyl sulfobetaine-type surfactant, and lauryl alcohol polyoxyethylene polyoxypropylene ether can effectively improve the solubility of octadecyldimethyl hydroxypropyl sulfobetaine at low temperature. When the amount of substance ratio of the two things is 1 : 2, the oil-water interfacial tension is 2.32×10^{-3} mN/m, the oil washing efficiency reaches 43.3%, and the 8h equilibrium water separation rate of the oil-water emulsion is 85.0%. All the performance has been enhanced compared with a single reagent. The EOR of surfactant flooding micro flooding experiment in the laboratory is 15.31%.

Key words: Betaine; Solubility; Interface; Emulsion stability; Oil displacement

A New Technology for Drilling Fluid Reservoir Protection Applied to Heavy Oil Reservoirs   2022(3):41-49

Chen Jinxia et al. (Research Institute for Drilling and Production Technology, Petrochina Jidong Oilfield Company, Tangshan 063004, Hebei Province)

Abstract: The heavy oil reservoirs in our country have formation characteristics of high porosity and high permeability. However, in the process of exploration and development of heavy oil reservoirs, due to the high viscosity of heavy oil itself, it is very vulnerable to the invasion of external fluids, which leads to the increase of oil flow resistance in the formation, which causes serious reservoir damage. This study introduces the influencing factors of heavy oil self-generation through formation simulation, and improves the current oil and gas industry standard SY/T 6540-2002 "Indoor Evaluation Method for Drilling Fluid and Completion Fluid Damage to Reservoir", and further improves the heavy oil reservoir. damage mechanism; At the same time, through the study of step-by-step matching plugging and heavy oil viscosity reduction, a step-by-step matching one-way plugging drilling fluid technology suitable for heavy oil reservoir protection has been formed. After this technology optimizes and improves the conventional drilling fluid system used in Jidong Oilfield, the penetration depth of the drilling fluid into the reservoir is reduced by 36.4%, the subsequent flowback pressure is reduced by 51.6%, and the recovery value of the reservoir permeability reaches more than 90%, shows good reservoir protection effect.

Key words: Reservoir damage; Drilling fluid invasion; Step-by-step matching; One-way plugging; Heavy oil viscosity reduction

Hidden Trouble Treatment of Oil and Gas Space in Large Oil Tanks: A Case Study of External Floating Roof Oil Storage Tanks in Jidong Oilfield   2022(3):50-53

Wang Shanshan et al. (Research Institute of Survey, Design and Informatization, Petrochina Jidong Oilfield Company, Tangshan 063004, Hebei Province)

Abstract: Large floating roof tanks in Jidong Oilfield has been put into use for quite a long time, on which the foundation settlement has led to significant deformations. Thus sealing structure on floating roof edge cannot be compensated, causing exceeding combustible gas concentration in hydrocarbon space, and there is considerable risk of catching a fire in sealing chamber, which severely threatens the safety of these tanks. In this paper, a new secondary sealing structure of floating roof is designed by calculation. The sealing material with better elasticity and wear resistance is used to solve the problem of gas concentration exceeding the standard caused by sealing defect. The field test results showed that the new designed structure can still play a good sealing effect when the tank deformation is large, effectively reduce the combustible gas concentration in the sealing chamber, and ensure the safe operation of oil and gas field enterprises.

Key words: Floating roof tank; Floating roof; Sealing; Compensation; Full contact; Combustible gas

Study on Geothermal Utilization of Oilfield Station   2022(3):54-59

Wen Zhiwang et al. (Research Institute of Survey, Design and Informatization, PetroChina Jidong Oilfield Company, Tangshan 063004, Hebei Province)

Abstract: Our country proposeed to reach "peak carbon dioxide emissions" in 2030 and our group proposed to reach in 2025. And our branches are working hard to achive that goal. As a clean energy source, geothermal energy can help our companies achieve that goal. Geothermal resources are abundant in Jidong Oilfield. In 2018, we have built geothermal heating in Caofeidian New City, Tangshan, Hebei, and achieve good results, but industrial heating has not yet begun. This paper discusses the feasibility of geothermal energy for heating and industrial use. Taking the utilization of geothermal energy at the

Laoyemiao United Station of Jidong Oilfield as an example, and based on the heating medium and load of the station process, we conduct research from the aspects of process flow, key technology, main equipment selection, and economic evaluation to demonstrate the feasibility of utilization of geothermal energy in the oilfield station. This has guiding significance for the research of geothermal alternative heating furnace in oilfields.

Key words:Geothermal; Shutdown wells; Gas-fired absorption heat pumps

Research and Construction of Oil Field Data Quality Management System   2022(3):60-65

Deng Hongmei(Research Institute of Survey ,Design and Informatization,PetroChina Jidong Oilfield Company,Tangshan 063004,Hebei Province)

Abstract:Data is the core resource of digital economy, which provides the necessary basic guarantee for enterprises´ digital transformation and high-quality development, improves the quality of data, and can effectively support various business activities such as oilfield collaborative research, production and operation. This paper makes an in-depth analysis of the current situation of data quality management in Jidong Oilfield Company. Aiming at the problems of data quality such as untimely, incomplete and inaccurate, and combining with the requirements of oilfield data quality management, it puts forward the target of data quality whole-lifecycle management exploratively, and designs the data quality management system architecture at company level. Based on the actual situation, the construction of data quality control system and data quality bulletin system was carried out, and the continuous improvement of data quality problems was carried out, providing information technology support for the improvement of oilfield data quality.

Key words:Digital transformation;Intelligent development;Intelligent oilfield;Data governance

Application of Tilt Camera Measurement in 3D Real Scene Modeling of Oilfield Stations   2022(3):66-71

Zhang Rui et al.(Research Institute for Survey , Design and Informatization,PetroChina Jidong Oilfield Company,Tangshan 063004,Hebei Province)

Abstract: With the continuous development of spatial geographic information technology, high - precision and high-efficiency, new aerial survey technology is gradually being applied in oil fields. UAV oblique photography technology and 3D real scene modeling technology have played an important role in the construction of ground projects such as oilfield stations and pipelines. In this paper, combined with a standardization project of a station, the workflow of constructing a 3D real-scene model from UAV oblique photography data is constructed in detail. By fully integrating geospatial data, we accurately build a 3D real scene model of the station. This provides strong support for project planning and engineering design, auxiliary management of engineering construction, construction, supervision, project acceptance and operation and maintenance.

Key words:Oilfield station; UAV aerial photogrammetry; Tilt photogrammetry; 3D reality modeling

English Editor:Bai Wenjia